1 多項式の計算

多項式と単項式の乗除

月　日

点

合格点：**78** 点／100 点

1 次の計算をしなさい。

(1) $(a+3b)\times2a$

(2) 3

JN029731

(3) $-5x(x-3y)$

(4) $\dfrac{2}{3}x(6x-9y)$

(5) $4a(2a-b+c)$

(6) $(3a-2b-5c)\times(-3a)$

2 次の計算をしなさい。

(6点×4)

(1) $(4a^2-10a)\div2a$

(2) $(6abc-9ab^2c)\div(-3abc)$

(3) $(3x^2y-16xy^2)\div4xy$

(4) $(2ab-3a^2b)\div\dfrac{1}{3}ab$

3 次の計算をしなさい。

(10点×4)

(1) $x(x+3)+2x(x-2)$

(2) $3a(2a-b)-4a(a-3b)$

(3) $-2x(x-5)+4x(2x-1)$

(4) $a(a+2b)-\dfrac{2}{3}a(9a-3b)$

得点UP

1 分配法則を利用して，多項式のすべての項に単項式をかける。

2 わる式の逆数をかける形に直して計算する。

多項式の乗法

月　　日

点

合格点：**80**点／100点

1 次の式を展開しなさい。 (7点×4)

(1)　$(a+2)(b+3)$

(2)　$(a-5)(b+6)$

(3)　$(2x-3)(y-1)$

(4)　$(3a-1)(4+b)$

2 次の式を展開しなさい。 (8点×4)

(1)　$(a-2)(3a-5)$

(2)　$(2x+3)(x-4)$

(3)　$(a+2b)(4a-b)$

(4)　$(x-3y)(2x-5y)$

3 次の式を展開しなさい。 (10点×4)

(1)　$(a+3)(2a+b-5)$

(2)　$(x-y)(2x+y-3)$

(3)　$(3a+b-2)(a+b)$

(4)　$(4x+3y-1)(3x-y)$

得点UP

1 $(a+b)(c+d)=ac+ad+bc+bd$ の公式を使って展開する。

2 式を展開したあとに同類項があれば、それらをまとめる。

乗法公式(1)

1 次の式を展開しなさい。 (8点×8)

(1) $(x+1)(x+5)$

(2) $(a-6)(a+4)$

(3) $(x+3)(x-4)$

(4) $(a-2)(a-7)$

(5) $(y-8)(y-4)$

(6) $(m+6)(m-10)$

(7) $\left(x+\dfrac{1}{3}\right)\left(x+\dfrac{2}{3}\right)$

(8) $\left(y-\dfrac{1}{2}\right)\left(y+\dfrac{3}{4}\right)$

2 次の式を展開しなさい。 (9点×4)

(1) $(x-7)(3+x)$

(2) $(6+a)(8+a)$

(3) $(y-3)(-4+y)$

(4) $(5+a)(-2+a)$

得点UP

1 乗法公式 $(x+a)(x+b)=x^2+(a+b)x+ab$ を使って展開する。

2 (1)$(x-7)(3+x)=(x-7)(x+3)$ として，乗法公式を使う。

乗法公式⑵

1 次の式を展開しなさい。 (9点×4)

(1)　$(a+3)^2$

(2)　$(y-6)^2$

(3)　$\left(x+\dfrac{1}{2}\right)^2$

(4)　$(-4+x)^2$

2 次の式を展開しなさい。 (8点×8)

(1)　$(x+4)(x-4)$

(2)　$(y-7)(y+7)$

(3)　$(a+5)(a-5)$

(4)　$(m-6)(m+6)$

(5)　$\left(x+\dfrac{1}{3}\right)\left(x-\dfrac{1}{3}\right)$

(6)　$\left(y-\dfrac{2}{5}\right)\left(y+\dfrac{2}{5}\right)$

(7)　$(9+x)(9-x)$

(8)　$(-a+3)(a+3)$

得点UP

1 和の平方の公式 $(x+a)^2=x^2+2ax+a^2$ と，差の平方の公式 $(x-a)^2=x^2-2ax+a^2$ を使う。

2 和と差の積の公式 $(x+a)(x-a)=x^2-a^2$ を使う。

いろいろな式の展開

1 次の式を展開しなさい。 (10点×6)

 (1) $(a+2b)(a+3b)$

(2) $(x+y)(x-2y)$

(3) $(3a-2)(3a-4)$

(4) $(2x+3y)^2$

(5) $\left(\dfrac{1}{2}x-2\right)^2$

(6) $(4x+7y)(4x-7y)$

2 次の計算をしなさい。 (10点×4)

 (1) $(x-5)(x+2)-(x-1)^2$

(2) $(x+3)^2+(x+1)(x+6)$

(3) $2(a+1)^2+(2a-1)^2$

(4) $(x+3)(x-4)-(x+2)(x-2)$

得点UP

1 (1)後ろの項を1つの文字と考えて，乗法公式 $(x+a)(x+b)=x^2+(a+b)x+ab$ を利用する。

2 (1)まず，**乗法の部分を公式を使って展開する**。$-(x-1)^2$ を展開するときは，展開した式を**かっこでくくっておく**。

因数分解(1)

月 日

点

合格点：**76** 点／100 点

1 次の式を因数分解しなさい。 (9点×4)

(1) $ax+bx$

(2) $5mn-5m$

(3) $2x^2+8xy$

(4) $3x^2y-9xy^2+12xy$

2 次の式を因数分解しなさい。 (8点×8)

(1) x^2+5x+6

(2) $a^2+4a-21$

(3) $x^2-13x+40$

(4) x^2+6x+9

(5) $x^2-8x+16$

(6) $y^2+16y+64$

(7) $x^2+7xy+12y^2$

(8) $9a^2-12a+4$

得点UP

2 (1)～(6)公式 $x^2+(a+b)x+ab=(x+a)(x+b)$, $x^2+2ax+a^2=(x+a)^2$, $x^2-2ax+a^2=(x-a)^2$ を利用する。(7)和が $7y$, 積が $12y^2$ となる 2 式を見つけて公式を使う。

因数分解(2)

1 次の式を因数分解しなさい。

(8点×8)

(1)　x^2-4

(2)　a^2-25

(3)　x^2-64

(4)　$49-x^2$

(5)　$4x^2-81$

(6)　$36x^2-y^2$

(7)　$x^2-\dfrac{1}{9}$

(8)　$a^2-\dfrac{1}{4}b^2$

2 次の式を因数分解しなさい。

(9点×4)

(1)　$2x^2+4x-6$

(2)　$4x^2y-40xy+100y$

(3)　$12a^2b-27bc^2$

(4)　$(a+2)^2-2(a+2)-24$

得点UP

1 公式 $x^2-a^2=(x+a)(x-a)$ を利用する。

2 まず共通因数をくくり出し，さらに**因数分解ができないか**を考える。

式の計算の利用

1 次の式を，くふうして計算しなさい。 (13点×4)

(1) 52^2

(2) 83×77

(3) $84^2 - 16^2$

(4) $3.14 \times 5.5^2 - 3.14 \times 4.5^2$

2 次の式の値を求めなさい。 (14点×2)

(1) $x = -17$ のとき，$(x+7)(x-7)-(x-3)(x+6)$

(2) $x = 96$ のとき，$x^2 + 8x + 16$

3 連続する3つの自然数のまん中の数の2乗から1をひくと，他の2数の積になることを証明しなさい。 (20点)

[証明]

得点UP

❶ 乗法公式や因数分解の公式を利用して式を変形し，計算する。

❸ まん中の数を n とおくと，連続する3つの自然数は $n-1$, n, $n+1$ となる。

1 多項式の計算

まとめテスト①

月　日

点

合格点：**80**点／100点

1 次の式を展開しなさい。 (8点×4)

(1) $(x+5y)(2x-3y)$

(2) $(x+8)(x-6)$

(3) $(x+8)(x-8)$

(4) $(3a-6b)^2$

2 次の計算をしなさい。 (10点×2)

(1) $4(x+2)(x-2)-3(x+3)^2$

(2) $2(a-1)^2-3(a+6)(a-2)$

3 次の式を因数分解しなさい。 (8点×4)

(1) $x^2+6x-27$

(2) $a^2-12a+36$

(3) $64x^2-49y^2$

(4) $2y^2-28y+90$

4 奇数の2乗は奇数であることを，もとの奇数を $2n+1$(n は整数)として証明しなさい。 (16点)

［証明］

2 平方根

平方根

1 次の数の平方根を求めなさい。　　　　　　　　　　　　　　　（6点×3）

(1)　16

(2)　$\dfrac{25}{49}$

(3)　0.09

2 次の数の平方根を，根号を使って表しなさい。　　　　　　　　（6点×3）

(1)　13

(2)　0.6

(3)　$\dfrac{5}{7}$

3 次の数を根号を使わずに表しなさい。　　　　　　　　　　　　（6点×6）

(1)　$\sqrt{81}$

(2)　$-\sqrt{36}$

(3)　$\sqrt{(-8)^2}$

(4)　$\sqrt{\dfrac{9}{25}}$

(5)　$(\sqrt{7})^2$

(6)　$(-\sqrt{15})^2$

4 次の各組の数の大小を，不等号を使って表しなさい。　　　　　（7点×4）

(1)　$\sqrt{14}$, $\sqrt{15}$

(2)　7, $\sqrt{48}$

(3)　$-\sqrt{18}$, $-\sqrt{19}$

(4)　$\sqrt{0.2}$, 0.2, 0.3

得点UP
1 2乗すると a になる数が a の平方根である。正の数の平方根は，正と負の2つある。
3 (5)(6)$a>0$ のとき，$(\sqrt{a})^2=a$，$(-\sqrt{a})^2=a$　**4** $0<a<b$ ならば，$\sqrt{a}<\sqrt{b}$

2　平方根

根号をふくむ式の乗除(1)

1 次の計算をしなさい。 (8点×6)

(1) $\sqrt{3} \times \sqrt{5}$

(2) $-\sqrt{7} \times \sqrt{10}$

(3) $\sqrt{3} \times \sqrt{12}$

(4) $\sqrt{30} \div \sqrt{6}$

(5) $\sqrt{20} \div \sqrt{5}$

(6) $(-\sqrt{63}) \div \sqrt{7}$

2 次の数を $\sqrt{a}$ の形に表しなさい。 (8点×3)

(1) $2\sqrt{6}$

(2) $3\sqrt{5}$

(3) $4\sqrt{3}$

3 次の数を変形して，根号の中をできるだけ簡単にしなさい。 (7点×4)

(1) $\sqrt{18}$

(2) $\sqrt{360}$

(3) $\sqrt{\dfrac{3}{25}}$

(4) $\sqrt{0.06}$

得点UP

1 $a>0$, $b>0$ のとき，$\sqrt{a} \times \sqrt{b} = \sqrt{ab}$, $\sqrt{a} \div \sqrt{b} = \sqrt{\dfrac{a}{b}}$

2 $a>0$, $b>0$ のとき，$a\sqrt{b} = \sqrt{a^2 b}$ **3** (1) 2乗の因数を見つけて，$\sqrt{}$ の外に出す。

根号をふくむ式の乗除(2)

1 次の計算をしなさい。　　　　　　　　　　　　　　　　　　　　　　　　(8点×4)

 (1)　$\sqrt{15} \times \sqrt{21}$

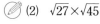 (2)　$\sqrt{27} \times \sqrt{45}$

(3)　$\sqrt{20} \times \sqrt{45}$

(4)　$3\sqrt{3} \times 2\sqrt{6}$

2 次の数の分母を有理化しなさい。　　　　　　　　　　　　　　　　　　　　(8点×4)

(1)　$\dfrac{5}{\sqrt{3}}$

(2)　$\dfrac{10}{\sqrt{5}}$

(3)　$\dfrac{14}{3\sqrt{7}}$

 (4)　$\dfrac{3}{\sqrt{12}}$

3 次の計算をしなさい。　　　　　　　　　　　　　　　　　　　　　　　　(9点×4)

(1)　$\sqrt{3} \div \sqrt{7}$

(2)　$\sqrt{48} \div 3\sqrt{2}$

(3)　$4\sqrt{3} \div (-\sqrt{20})$

(4)　$\sqrt{45} \div \sqrt{10}$

得点UP

1 (1)根号の中を2つの数の積に表して計算する。(2)$a\sqrt{b}$ の形に直してから計算する。

2 (1)分母の $\sqrt{}$ のついた数を分母と分子にかける。(4)まず，分母の数を $a\sqrt{b}$ の形に変形する。

月　日

点

合格点：**76** 点／100 点

平方根のおよその値

1 $\sqrt{4.36}=2.088$ として，次の値を求めなさい。 (8点×2)

(1) $\sqrt{43600}$

(2) $\sqrt{0.0436}$

2 $\sqrt{5}=2.236$，$\sqrt{50}=7.071$ として，次の値を求めなさい。 (8点×6)

(1) $\sqrt{500}$

(2) $\sqrt{5000}$

(3) $\sqrt{50000}$

(4) $\sqrt{0.5}$

(5) $\sqrt{0.05}$

(6) $\sqrt{0.005}$

3 $\sqrt{3}=1.732$ として，次の値を求めなさい。 (9点×4)

(1) $\sqrt{27}$

(2) $\sqrt{108}$

(3) $\dfrac{6}{\sqrt{3}}$

(4) $\dfrac{3}{\sqrt{12}}$

得点UP

1 根号の中の数の小数点の位置を **2 けた**ずらすごとに，平方根の値の小数点の位置は，同じ方向に **1 けた**ずれる。

3 (1)与えられた値が代入できる形に変形する。(3)まず，分母を有理化する。

2　平方根

根号をふくむ式の加減

合格点: **78** 点／100 点

1 次の計算をしなさい。 (6点×6)

(1) $2\sqrt{2}+\sqrt{2}$

(2) $5\sqrt{3}-2\sqrt{3}$

(3) $3\sqrt{5}-5\sqrt{5}+4\sqrt{5}$

(4) $8\sqrt{6}-7\sqrt{6}-3\sqrt{6}$

(5) $10-2\sqrt{7}-6+5\sqrt{7}$

(6) $3\sqrt{5}-4\sqrt{3}-2\sqrt{5}+6\sqrt{3}$

2 次の計算をしなさい。 (8点×8)

(1) $\sqrt{12}+\sqrt{48}$

(2) $3\sqrt{8}-2\sqrt{18}$

(3) $3\sqrt{20}-2\sqrt{5}-\sqrt{45}$

(4) $\sqrt{10}+3\sqrt{28}+\sqrt{40}-\sqrt{7}$

(5) $\sqrt{\dfrac{1}{3}}+4\sqrt{3}$

(6) $\sqrt{8}-\dfrac{1}{\sqrt{2}}$

(7) $5\sqrt{12}-\dfrac{24}{\sqrt{3}}$

(8) $\sqrt{2}\times\sqrt{6}-\dfrac{\sqrt{27}}{3}$

得点UP

1 根号の中が同じ数ならば，同類項と同じようにまとめることができる。$a\sqrt{c}+b\sqrt{c}=(a+b)\sqrt{c}$

2 (1)根号の中をできるだけ簡単な数にして計算する。(5)分母を有理化してから計算する。

2 平方根

根号をふくむ式の計算(1)

1 次の計算をしなさい。　　　　　　　　　　　　　　　　　　（10点×6）

(1)　$\sqrt{3}(\sqrt{2}-\sqrt{3})$

(2)　$\sqrt{2}(2+\sqrt{6})$

(3)　$\sqrt{5}(\sqrt{10}+3\sqrt{2})$

(4)　$(2\sqrt{6}-\sqrt{3})\div\sqrt{3}$

(5)　$\sqrt{6}(\sqrt{3}-2\sqrt{2})$

(6)　$(\sqrt{15}+\sqrt{40})\div\sqrt{5}$

2 次の計算をしなさい。　　　　　　　　　　　　　　　　　　（10点×4）

(1)　$(\sqrt{3}+1)(\sqrt{2}+5)$

(2)　$(2\sqrt{5}+3)(\sqrt{5}-1)$

(3)　$(\sqrt{6}+\sqrt{2})(4-\sqrt{3})$

(4)　$(\sqrt{3}-\sqrt{2})(3\sqrt{3}+\sqrt{2})$

得点UP

① 分配法則を利用して，かっこの外の数をかっこの中のすべての項にかける。

② $(a+b)(c+d)=ac+ad+bc+bd$ の公式を使って，式を展開する。

根号をふくむ式の計算(2)

月　　日

点

合格点：**80**点／100点

1 次の計算をしなさい。 (10点×8)

(1) $(\sqrt{5}+1)(\sqrt{5}+6)$

(2) $(\sqrt{2}-5)(\sqrt{2}+3)$

(3) $(\sqrt{3}+\sqrt{2})^2$

(4) $(\sqrt{3}+5)^2$

(5) $(\sqrt{7}-\sqrt{3})^2$

(6) $(5\sqrt{2}-3)^2$

(7) $(2-\sqrt{2})(2+\sqrt{2})$

(8) $(3\sqrt{7}-2)(2+3\sqrt{7})$

2 $x=\sqrt{7}+\sqrt{3}$, $y=\sqrt{7}-\sqrt{3}$ のとき，次の式の値を求めなさい。 (10点×2)

(1) $(x+y)^2$

(2) x^2-y^2

得点UP

1 (8)$(3\sqrt{7}-2)(2+3\sqrt{7})=(3\sqrt{7}-2)(3\sqrt{7}+2)$ として，乗法公式を利用する。

2 (2)まず，$x^2-y^2=(x+y)(x-y)$ としてから，数を代入する。

2 平方根

まとめテスト②

1 次の各組の数の大小を，不等号を使って表しなさい。 (8点×2)

(1) 3, $\sqrt{7}$

(2) $-\sqrt{15}$, $-2\sqrt{3}$, $-3\sqrt{2}$

2 次の計算をしなさい。 (8点×6)

(1) $\sqrt{3} \times \sqrt{21}$

(2) $\sqrt{72} \div \sqrt{6}$

(3) $\sqrt{5} + 3\sqrt{5}$

(4) $7\sqrt{24} - \sqrt{54}$

(5) $2\sqrt{20} - \dfrac{10}{\sqrt{5}} + \sqrt{45}$

(6) $\sqrt{7}(6 - \sqrt{28})$

3 次の計算をしなさい。 (9点×4)

(1) $(\sqrt{2} - 2)(\sqrt{2} + 3)$

(2) $(\sqrt{3} + \sqrt{5})^2$

(3) $(\sqrt{6} - \sqrt{2})^2$

(4) $(2 - \sqrt{5})(2 + \sqrt{5})$

2次方程式とその解

月　日

点

合格点：**80**点／100点

1 次の方程式の中から，2次方程式であるものをすべて選び，記号で答えなさい。

(20点)

ア． $x^2+4x=x^2-3x+5$

イ． $(x+1)(x-1)=15$

ウ． $(x+2)^2=x^2+x$

エ． $(x-3)^2=2x^2+x-9$

オ． $x^2=7$

カ． $(x+1)^2=5x$

2 次の2次方程式の中から，-2が解であるものをすべて選び，記号で答えなさい。

(20点)

ア． $x^2+x-3=0$

イ． $x^2-4=0$

ウ． $(x+2)(x-7)=0$

エ． $(x-2)^2=0$

オ． $(x-4)^2=35$

カ． $(x+3)^2=1$

3 -2，-1，0，1，2のうち，次の2次方程式の解であるものを，すべて答えなさい。

(20点×3)

(1)　$x^2+6x+5=0$

(2)　$x^2+x-2=0$

(3)　$x^2+x-6=0$

得点UP

2 それぞれの方程式に $x=-2$ を代入して，方程式が成り立つものを選ぶ。

3 それぞれの値を方程式に代入して，方程式が成り立つものを解とする。

3　2次方程式

平方根の考えを使った解き方(1)

1 次の方程式を解きなさい。 (6点×6)

(1)　$x^2 = 49$

(2)　$x^2 - 16 = 0$

(3)　$x^2 - 10 = 0$

(4)　$3x^2 = 27$

(5)　$9x^2 - 4 = 0$

(6)　$4x^2 - 7 = 0$

2 次の方程式を解きなさい。 (8点×8)

(1)　$(x-1)^2 = 4$

(2)　$(x+2)^2 = 16$

(3)　$(x-4)^2 = 5$

(4)　$(x+5)^2 = 18$

(5)　$(x-3)^2 - 4 = 0$

(6)　$(x+6)^2 - 25 = 0$

(7)　$(x+7)^2 - 8 = 0$

(8)　$(x-2)^2 - 20 = 0$

得点UP

1　(1)平方根を求めるように考える。$x^2 = a$ より，$x = \pm\sqrt{a}$　(4)$ax^2 = b$ は，両辺を a でわり $x^2 = \dfrac{b}{a}$ の形にする。

2　$(x+m)^2 = n$ の形の2次方程式は，$x+m = X$ と考えて，$X^2 = n$ より，$X = \pm\sqrt{n}$

平方根の考えを使った解き方⑵

1 次の□にあてはまる数を求めなさい。　　　　　　　　(10点×4)

(1)　$x^2+4x+\square=(x+\square)^2$　　　(2)　$x^2-8x+\square=(x-\square)^2$

(3)　$x^2+12x+\square=(x+\square)^2$　　　(4)　$x^2-16x+\square=(x-\square)^2$

2 次の方程式を，$(x+m)^2=n$ の形に変形して解きなさい。　(10点×6)

(1)　$x^2+2x-5=0$　　　　　(2)　$x^2-4x-1=0$

(3)　$x^2+6x-4=0$　　　　　(4)　$x^2+10x-3=0$

(5)　$x^2-12x+3=0$　　　　　(6)　$x^2-14x+35=0$

得点UP

1　⑴公式 $x^2+2ax+a^2=(x+a)^2$ を利用する。x の係数の半分の2乗を加えると，左辺は因数分解できる。

2　一般に，$x^2+px+q=0$ を $(x+m)^2=n$ の形にするには，x の係数 p の半分の2乗を両辺に加えればよい。

3　2次方程式

解の公式の利用

月　　日

点

合格点：80 点／100 点

1 次の方程式を，解の公式を使って解きなさい。

(10点×6)

(1)　$x^2 + x - 3 = 0$

(2)　$x^2 + 3x - 5 = 0$

(3)　$x^2 - 7x - 2 = 0$

(4)　$x^2 + 5x + 2 = 0$

(5)　$2x^2 - 5x + 1 = 0$

(6)　$3x^2 + 7x + 1 = 0$

2 次の方程式を，解の公式を使って解きなさい。

(10点×4)

(1)　$2x^2 - 5x - 3 = 0$

(2)　$4x^2 - 9x + 2 = 0$

(3)　$x^2 - 4x - 3 = 0$

(4)　$7x^2 - 8x - 2 = 0$

得点UP

1　2次方程式 $ax^2 + bx + c = 0$ の解の公式 $x = \dfrac{-b \pm \sqrt{b^2 - 4ac}}{2a}$ に，a，b，c の値を代入して求める。

2　(1)根号内の計算に注意する。根号の中を計算すると，**根号のない数に直せる**。(3)**答えの約分に注意する**。

3 2次方程式

因数分解を利用した解き方

月　　日

点

1 次の方程式を解きなさい。　　　　　　　　　　　　　　　　（6点×4）

(1)　$(x+2)(x-4)=0$

(2)　$(x+3)(x+7)=0$

(3)　$x(x+5)=0$

(4)　$(x-8)(2x+3)=0$

2 次の方程式を解きなさい。　　　　　　　　　　　　　　　　（7点×4）

(1)　$x^2-3x=0$

(2)　$x^2+5x+6=0$

(3)　$x^2-10x+25=0$

(4)　$x^2-11x+30=0$

3 次の方程式を解きなさい。　　　　　　　　　　　　　　　　（8点×6）

(1)　$x^2=3(x+6)$

(2)　$x(x+2)=x+2$

(3)　$(x-2)(x+4)=7$

(4)　$(x-3)(x+4)=5x$

(5)　$(x+2)^2=x+4$

(6)　$-2x^2-6x+56=0$

得点UP

1 $AB=0$ ならば，$A=0$ または $B=0$ である。　**2** 左辺をそれぞれ因数分解して解く。

3 まず，$ax^2+bx+c=0$ の形に整理して，左辺を因数分解して解く。

2次方程式の利用⑴

月　　日

点

合格点：**80** 点／100 点

1 2次方程式 $x^2 + ax - 5 = 0$ の1つの解が5であるとき，次の問いに答えなさい。

(20点×2)

(1) a の値を求めなさい。

(2) もう1つの解を求めなさい。

2 ある正の整数から4をひいて，これにもとの整数をかけると117になるという。もとの整数を求めなさい。

(20点)

3 十の位の数が一の位の数より3小さい2けたの自然数がある。この自然数の各位の数の積は，その自然数より15小さい。この自然数をすべて求めなさい。

(20点)

4 63本の鉛筆を何人かの子どもに配ったところ，1人あたりの鉛筆の本数は，子どもの人数より2少ない数であった。子どもの人数を求めなさい。

(20点)

得点UP

1 ⑴方程式に $x = 5$ を代入して，a の値を求める。　**2** もとの整数を x として立式する。$x > 0$ に注意する。
3 十の位の数が a，一の位の数が b の2けたの自然数は，$10a + b$ と表される。一の位の数を x として立式する。

2次方程式の利用(2)

1 ボールを毎秒20m の速さで，ま上に投げ上げると，t 秒後には高さがおよそ $(20t-5t^2)$m になるという。高さが15m になるのは，投げ上げてから何秒後か，すべて求めなさい。 (20点)

2 正方形の土地がある。この土地の縦を2m 短くし，横を3m 長くして長方形にすると，面積は50m² になる。もとの正方形の面積を求めなさい。 (20点)

3 縦，横がそれぞれ10m，18m の長方形の花だんに，右の図のように，同じ幅の道を作り，残りの花だんの面積を128m² にしたい。道幅を何m にすればよいか，求めなさい。 (30点)

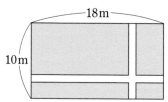

4 右の図のような，縦6cm，横9cm の長方形 ABCD がある。点P は辺 AB 上を A から B まで動き，点Q は点P と同時に，辺BC 上をC から B に向かって，点P と同じ速さで動くものとする。△PBQ の面積が9cm² になるのは，点P が A から何cm 動いたときか。ただし，点P は B で止まるものとする。 (30点)

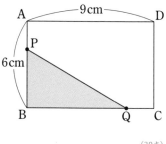

得点UP

1 ボールの高さが15m になるのは，上昇のときと下降のときの2回あることに注意する。

3 道を端によせて，花だんを1つの長方形で表す。

まとめテスト③

1 次の方程式を解きなさい。 (8点×4)

(1)　$3x^2 = 192$

(2)　$(x+3)^2 - 18 = 0$

(3)　$2x^2 + 3x - 1 = 0$

(4)　$3x^2 - 6x + 1 = 0$

2 次の方程式を解きなさい。 (8点×4)

(1)　$(x-4)(x+6) = 0$

(2)　$x^2 + 11x + 24 = 0$

(3)　$x^2 + 3x - 54 = 0$

(4)　$x^2 - 14x + 49 = 0$

3 2次方程式 $x^2 - 2ax + 3a = 0$ の1つの解が2であるとき，次の問いに答えなさい。 (10点×2)

(1)　a の値を求めなさい。

(2)　もう1つの解を求めなさい。

4 連続する2つの正の整数がある。それぞれを2乗した数の和が85になるとき，これら2つの整数を求めなさい。 (16点)

関数 $y=ax^2$

合格点：80 点／100 点

1 斜面に球を転がしたとき，転がり始めてから x 秒間に転がる距離を ym とすると，y は x の 2乗に比例し，右の表のようになった。次の問いに答えなさい。

x	0	1	2	3	4
y	0	2	8	㋐	32

(10点×3)

(1) x の値が 4 倍になると，対応する y の値は何倍になるか，求めなさい。

(2) y を x の式で表しなさい。

(3) 表の空らん㋐にあてはまる数を求めなさい。

2 次の**ア～エ**の中から，y が x の 2 乗に比例するものをすべて選び，記号で答えなさい。

(25点)

ア．1 辺が $x$cm の正方形の面積を $y$cm² とする。

イ．時速 $x$km で 3 時間走ったとき，進んだ距離を $y$km とする。

ウ．半径 $x$cm の円の円周の長さを $y$cm とする。

エ．底面が 1 辺 $x$cm の正方形，高さが15cm の正四角錐の体積を $y$cm³ とする。

3 y は x の 2 乗に比例し，$x=2$ のとき $y=12$ である。次の問いに答えなさい。

(15点×3)

(1) y を x の式で表しなさい。

(2) $x=3$ のときの y の値を求めなさい。

(3) $x=-4$ のときの y の値を求めなさい。

得点UP

2 y が x の 2 乗に比例する関数の式は，$y=ax^2$（a は比例定数）の形になる。

3 (1)式を $y=ax^2$ とおいて，対応する x，y の値を代入して a の値を求める。

4 関数 $y=ax^2$

関数 $y=ax^2$ のグラフ⑴

月　　日

点

合格点: 78 点／100 点

1 下の表は，関数 $y=x^2$ について，x の値を -2 から 2 まで0.5おきにとったものである。次の問いに答えなさい。

(10点×5)

x	-2	-1.5	-1	-0.5	0	0.5	1	1.5	2
y	4	㋐	1	㋑	0	㋒	1	2.25	4

(1)　表の空らん㋐～㋒にあてはまる数を求めなさい。

(2)　この表をもとに，右の図に $y=x^2$ のグラフをかきなさい。

(3)　このグラフは y 軸についてどのようなことがいえるか，答えなさい。

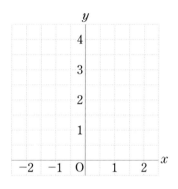

2 関数 $y=ax^2$ のグラフが次の点を通るとき，それぞれのグラフの式を求めなさい。

(12点×2)

(1)　点$(-2,\ 20)$

(2)　点$(3,\ -6)$

3 $y=2x^2$ のグラフについて，次の問いに答えなさい。

(13点×2)

(1)　次の4点 A，B，C，D のうち，このグラフ上にある点はどれか，記号で答えなさい。

　　A$(-3,\ 16)$　　　B$(-1,\ -2)$　　　C$(2,\ 8)$　　　D$(5,\ 40)$

(2)　点$(4,\ a)$がこのグラフ上にあるとき，a の値を求めなさい。

得点UP

1　(2)表より，x，y の対応する値の組を座標とする点をとり，それらをなめらかな曲線で結ぶ。

2　グラフ上の点の座標は，グラフの式を成り立たせる。

月　　日

点

4　関数 $y=ax^2$

関数 $y=ax^2$ のグラフ(2)

合格点：**78** 点／100 点

1 次の関数のグラフをかきなさい。　　（10点×2）

(1)　$y=\dfrac{1}{4}x^2$

(2)　$y=-\dfrac{1}{4}x^2$

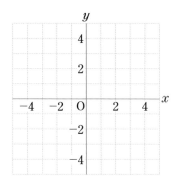

2 右のグラフは，関数 $y=ax^2$ のグラフである。
次の問いに答えなさい。　　（10点×2）

(1)　このグラフの式を求めなさい。

(2)　このグラフと，x 軸について対称なグラフ
　　の式を求めなさい。

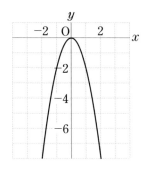

3 次のア～クの関数のグラフについて，下の問いに答えなさい。　　（12点×5）

ア. $y=2x^2$ 　　　**イ.** $y=5x^2$ 　　　**ウ.** $y=-3x^2$ 　　　**エ.** $y=-5x^2$

オ. $y=\dfrac{1}{3}x^2$ 　　**カ.** $y=-\dfrac{3}{2}x^2$ 　　**キ.** $y=-\dfrac{2}{3}x^2$ 　　**ク.** $y=\dfrac{3}{2}x^2$

(1)　グラフが上に開いているものをすべて選び，記号で答えなさい。

(2)　グラフが下に開いているものをすべて選び，記号で答えなさい。

(3)　グラフが x 軸についてたがいに対称なものを2組選び，記号で答えなさい。

(4)　グラフの開き方がもっとも大きいものを選び，記号で答えなさい。

得点UP

1 (1)と(2)のグラフは，x 軸について対称である。
3 (4) $y=ax^2$ のグラフは，a の絶対値が小さくなると，グラフの開き方は大きくなる。

4　関数 $y = ax^2$

関数 $y = ax^2$ と変域

1 関数 $y = \dfrac{1}{2}x^2$ について，次の問いに答えなさい。　　(12点×3)

(1)　右の図は，この関数のグラフである。
　　$x = -2$ のときの y の値を求めなさい。

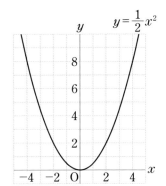

$y = \dfrac{1}{2}x^2$

(2)　$x = 4$ のときの y の値を求めなさい。

(3)　x の変域が $-2 \leqq x \leqq 4$ のとき，y の変域
　　を求めなさい。

2 次の関数について，x の変域に対応する y の変域を求めなさい。　　(15点×3)

(1)　$y = 2x^2$ 　$(-3 \leqq x \leqq 2)$

(2)　$y = -3x^2$ 　$(-3 \leqq x \leqq -1)$

(3)　$y = -\dfrac{1}{3}x^2$ 　$(-1 \leqq x \leqq 3)$

3 関数 $y = ax^2$ において，x の変域 $-1 \leqq x \leqq 2$ に対応する y の変域が $0 \leqq y \leqq 16$
であるとき，a の値を求めなさい。

(19点)

得点UP

2 y の変域を求めるときには，グラフの略図をかいて求めるとよい。

3 y の変域が $0 \leqq y \leqq 16$ だから，$a > 0$ である。また，x の変域の両端の値に対応する y の値を調べる。

月　　日

点

関数 $y=ax^2$ と変化の割合

合格点：**72** 点／100 点

1 関数 $y=2x^2$ について，x の値が次のように増加するときの変化の割合を求めなさい。

(14点×2)

(1)　1から3まで

(2)　-4 から -2 まで

2 次の問いに答えなさい。

(14点×3)

(1)　関数 $y=\dfrac{1}{3}x^2$ において，x の値が -3 から -1 まで増加するときの変化の割合を求めなさい。

(2)　関数 $y=-3x^2$ において，x の値が 3 から 6 まで増加するときの変化の割合を求めなさい。

(3)　関数 $y=ax^2$ において，x の値が -5 から -3 まで増加するときの変化の割合が24であるという。a の値を求めなさい。

3 ある斜面でボールを転がすとき，x 秒間に転がる距離を ym とすると，$y=4x^2$ という関係がある。次の問いに答えなさい。

(15点×2)

(1)　はじめの2秒間に，ボールは何 m 転がるか，求めなさい。

(2)　ボールが転がり始めてから，2秒後から4秒後までの平均の速さを求めなさい。

得点UP

1　(変化の割合)＝(y の増加量)÷(x の増加量) である。2乗に比例する関数の変化の割合は一定ではない。

3　(2)(平均の速さ)＝(転がる距離)÷(転がる時間) より求める。

放物線と直線

1 関数 $y=2x^2$ のグラフが，直線 $y=6$ と交わる点を A，B とする。このとき，点 A，B の座標を求めなさい。ただし，A の x 座標は B の x 座標より大きいとする。

(18点)

2 右の図のように，関数 $y=\dfrac{1}{3}x^2$ のグラフ上に 2 点 A，B を，x 軸上に 2 点 C，D をとる。
四角形 ACDB が正方形となるとき，点 B の座標を求めなさい。 (18点)

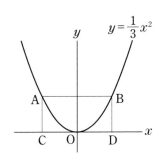

3 右の図のように，関数 $y=\dfrac{1}{2}x^2$ のグラフ上に 2 点 P，Q がある。点 P，Q の x 座標がそれぞれ，$x=-2$，$x=4$ であるとき，次の問いに答えなさい。 (16点×4)

(1) 2 点 P，Q の座標を求めなさい。

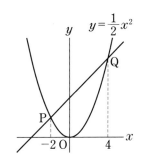

(2) 直線 PQ の式を求めなさい。

(3) △OPQ の面積を求めなさい。

得点UP

3 (2) 2 点 P，Q の座標から，連立方程式をつくって直線の式を求める。
(3) △OPQ を y 軸で 2 つの三角形に分ける。

いろいろな事象と関数

1 ある有料駐車場の駐車料金は，2時間までは500円，2時間を超えて3時間までは800円，3時間を超えて4時間までは1100円，…というように，2時間を超えると，あとは1時間につき300円ずつ追加される。駐車時間を x 時間，それに対する料金を y 円として，次の問いに答えなさい。　　　　　(20点×3)

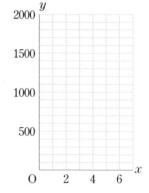

(1) 右の方眼を利用して，x と y の関係を表すグラフをかきなさい。ただし，$0 < x \leqq 7$ とし，グラフの点がふくまれる場合は，●(黒丸)，ふくまれない場合は，○(白丸)で示しなさい。

(2) 料金は時間の関数といえますか。

(3) $y = 2600$ であるときの x の変域を求めなさい。

2 物体を自然に落下させた場合，物体が落下し始めてから x 秒間に落ちる距離を ym とすると，y は x の関数で，およそ $y = 5x^2$ という式で表せることがわかっている。次の問いに答えなさい。　　　　　(20点×2)

(1) 落下し始めてから1秒後と2秒後の間の落下距離を求めなさい。

(2) 高さ720m のところから落下させたら，地面に着くまでに何秒かかるか。

得点UP

❶ 変域を分けて考える。$0 < x \leqq 2$ のとき $y = 500$，$2 < x \leqq 3$ のとき $y = 800$，$3 < x \leqq 4$ のとき $y = 1100$，……
(2) x の値を決めると，それに対応して y の値が1つに決まるとき，y は x の関数である。

まとめテスト④

1 y は x の2乗に比例し，$x=2$ のとき $y=-5$ である。次の問いに答えなさい。

(10点×3)

(1) y を x の式で表しなさい。

(2) $x=3$ のときの y の値を求めなさい。

(3) x の値が -2 から 0 まで増加するときの変化の割合を求めなさい。

2 y が x の2乗に比例し，x の変域は $-6 \leqq x \leqq 3$ で，そのグラフは右の図のようになる。次の問いに答えなさい。

(15点×2)

(1) y の変域を求めなさい。

(2) y を x の式で表しなさい。

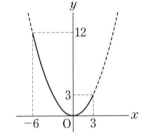

3 右の図のように，関数 $y = \dfrac{1}{4}x^2$ のグラフ上に，x 座標がそれぞれ $-2, 4$ となる点 A，B をとり，A，B を通る直線と y 軸との交点を C とする。

$y = \dfrac{1}{4}x^2$ のグラフ上を動く点を P とするとき，次の問いに答えなさい。

(20点×2)

(1) △OAB の面積を求めなさい。

(2) △OCP の面積が△OAB の面積の $\dfrac{1}{2}$ になるときの点 P の座標をすべて求めなさい。

5 相似な図形

相似な図形

月　日

点

合格点：**80** 点／100 点

1 下の図で，相似な三角形をすべて選び，記号∽を使って表しなさい。　(10点×2)

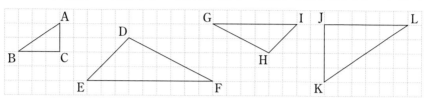

2 右の図で，四角形 ABCD∽四角形 EFGH である。次の問いに答えなさい。　(10点×3)

(1) 頂点 B に対応する頂点を答えなさい。

(2) 辺 DA に対応する辺を答えなさい。

(3) ∠C に対応する角を答えなさい。

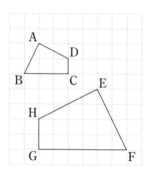

3 右の図で，四角形 ABCD∽四角形 EFGH である。次の問いに答えなさい。　(10点×5)

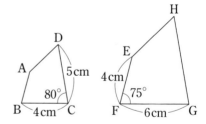

(1) 四角形 ABCD と四角形 EFGH の相似比を求めなさい。

(2) 辺 AB，GH の長さを求めなさい。

(3) ∠B，∠G の大きさを求めなさい。

得点UP

1 相似な図形を記号∽を使って表すときは，**対応する頂点を順に並べて書く**。

3 (1)辺 BC と辺 FG が対応する辺で，その長さの比が**相似比**となる。(3)相似な図形の**対応する角の大きさは等しい**。

三角形の相似条件

月　　日

点

合格点：**80**点／100点

1 下の図で，相似な三角形をすべて選び，記号∽を使って表しなさい。また，それぞれの相似条件も答えなさい。

(20点×3)

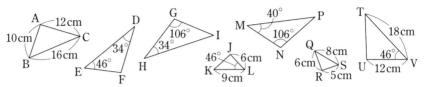

2 右の図のように，平行な2直線 ℓ, m 上にそれぞれ2点 A，B と C，D をとる。AD と BC の交点を P とするとき，△PAB∽△PDC であることを証明しなさい。

(20点)

[証明]

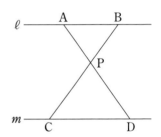

3 右の図のように，平行四辺形 ABCD の辺 AB の延長上に点 E をとり，DE と BC の交点を F とする。このとき，AE：CD＝AD：CF であることを証明しなさい。

(20点)

[証明]

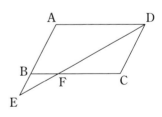

得点UP

1 3つの三角形の相似条件のいずれにあてはまるかを調べる。三角形の残りの角の大きさを求めることがたいせつ。

2 $\ell /\!/ m$ だから，平行線と角の性質を利用することを考える。

相似の利用

1 右の図のように，直角三角形 ABC の直角の頂点A から，斜辺 BC にひいた垂線を AD とする。次の問いに答えなさい。（25点×2）

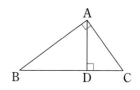

(1) △ABD∽△CAD であることを証明しなさい。

[証明]

(2) AD＝4cm，DC＝3cm であるとき，BD の長さを求めなさい。

2 右のように，池の両端の距離を求めるため，C 地点を選んで，△ABC に相似な△DEC をつくった。

CD，CA，DE が，それぞれ10m，25m，12m のとき，A，B 間の距離を求めなさい。（25点）

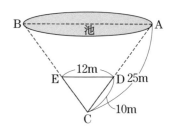

3 がけのま下から50m 離れた地点 P で，がけの頂上 A を見ると，水平方向に対して35°上に見える。縮図をかいて，がけの高さを求めなさい。ただし，目の高さは考えないものとする。

（25点）

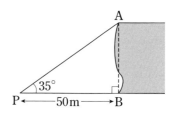

得点UP

2 △ABC∽△DEC より，対応する辺の長さの比が等しいことから求める。

3 PB＝50m だから，$\frac{1}{1000}$ の縮図をかいて，辺 AB に対応する辺の長さを求める。

三角形と比

月　日

点

合格点：**80**点／100点

1 次の図で，DE ∥ BC とするとき，x，y の値を求めなさい。 (15点×4)

(1)

14cm

$y$cm

D　　　E

$x$cm　　12cm　　6cm

B　　18cm　　C

A

(2)

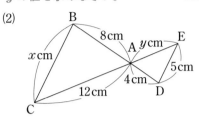

B
8cm
A　$y$cm　E
$x$cm
4cm　5cm
12cm
C　　D

2 右の図の台形 ABCD で，AD ∥ EF ∥ BC である。線分 EF と対角線 BD，AC との交点をそれぞれ P，Q とするとき，PQ の長さを求めなさい。 (20点)

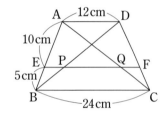

A　12cm　D
10cm
E　P　　Q　F
5cm
B　　24cm　　C

3 右の図のように，直線 OA，OB，OC 上にそれぞれ頂点をもつ△ABC と△DEF がある。AB ∥ DE，AC ∥ DF ならば，BC ∥ EF であることを証明しなさい。 (20点)

[証明]

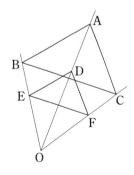

得点UP

2 PQ＝EQ－EP である。△ABC，△ABD で，三角形と比の定理を利用する。

3 △OAB，△OAC で，三角形と比の定理，△OBC で，三角形と比の定理の逆を利用して結論を導く。

中点連結定理

月　日

点

合格点：**80**点／100点

1 右の図で，四角形 ABCD は AD∥BC の台形で，M，N はそれぞれ辺 AB，DC の中点である。AD＝18cm，BC＝40cm であるとき，線分 MN の長さを求めなさい。　　(20点)

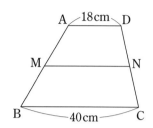

2 右の図で，四角形 ABCD の 2 辺 AD，BC，対角線 BD の中点を，それぞれ M，N，P とする。∠ABD＝28°，∠BDC＝68°であるとき，∠MPN の大きさを求めなさい。　　(20点)

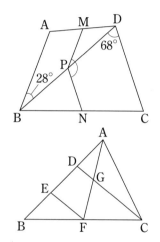

3 右の図の△ABC で，2 点 D，E は辺 AB を 3 等分する点であり，点 F は辺 BC の中点，点 G は AF と CD との交点である。EF＝8cm のとき，CG の長さを求めなさい。　　(30点)

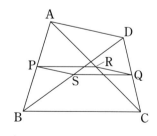

4 右の図で，四角形 ABCD の辺 AB，CD の中点をそれぞれ P，Q，対角線 AC，BD の中点をそれぞれ R，S とするとき，四角形 PSQR は平行四辺形であることを証明しなさい。　　(30点)

［証明］

得点UP

1 対角線 AC(あるいは BD)をひき，台形 ABCD を 2 つの三角形に分けて，中点連結定理を利用する。

4 中点連結定理を利用して，四角形 PSQR が平行四辺形になる条件を導く。

5　相似な図形

平行線と比

1 次の図で，$\ell \parallel m \parallel n$ のとき，x の値を求めなさい。 （10点×4）

(1)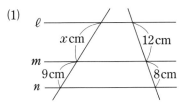

(2)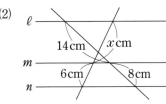

(3)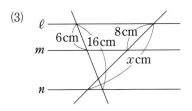

(4)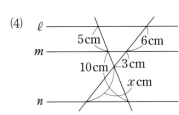

2 右の図で，$a \parallel b \parallel c \parallel d$ のとき，x, y の値を求めなさい。 （15点×2）

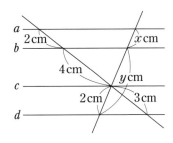

3 右の図の台形 ABCD で，AD ∥ EF ∥ BC である。次の問いに答えなさい。 （15点×2）

(1) 線分 FC の長さを求めなさい。

(2) 線分 GF の長さを求めなさい。

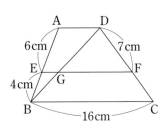

得点UP

1 3つの平行線 ℓ, m, n で切りとられる線分の長さの比を，正しくつかむことがたいせつ。

3 AD ∥ EF ∥ BC より，AE：EB = DG：GB = DF：FC

相似な図形の面積比・体積比

1 右の図の AD∥BC の台形 ABCD で，AD：BC＝2：3，△AOD の面積が24cm²のとき，△COB の面積を求めなさい。 (20点)

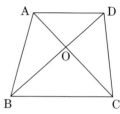

2 右の図は，点 O を中心とする3つの円で，OA＝AB＝BC である。次の問いに答えなさい。 (15点×2)

(1) 半径 OA，OB，OC の3つの円の円周の比を求めなさい。

(2) ①，②，③の部分の面積比を求めなさい。

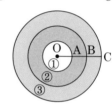

3 相似な立体 P，Q があって，相似比が 1：2 であるとき，次の問いに答えなさい。 (15点×2)

(1) P の表面積が80cm²のとき，Q の表面積を求めなさい。

(2) Q の体積が128cm³のとき，P の体積を求めなさい。

4 右の図は，三角錐 O-ABC の辺 OA を 2：3 に分ける点 D を通り，底面に平行な平面で切ったものである。このとき，2つに分けられた部分 P と Q の体積比を求めなさい。 (20点)

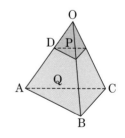

得点UP

2 円はすべて相似であり，相似比は**半径の比**となる。

4 P の部分と三角錐 O-ABC は相似であり，**OD：OA** が相似比となる。

まとめテスト⑤

月　　日

点

合格点：**80**点／100点

1 右の図の△ABC について，次の問いに答えなさい。　　(10点×2)

(1)　△ABC と相似な三角形はどれか。記号∽を使って表し，そのときの相似条件も答えなさい。

(2)　AB＝8cm のとき，AD の長さを求めなさい。

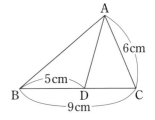

2 下の図で，DE // BC のとき，x，y の値を求めなさい。　　(12点×4)

(1)
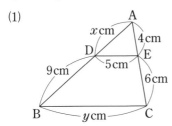

(2)
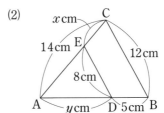

3 右の図で，∠BAC＝∠ADB＝90°，AB＝6cm，BC＝10cm，CA＝8cm のとき，△ABC と△ACD の面積比を求めなさい。　　(16点)

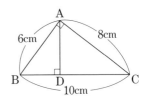

4 右の図は，正三角形 ABC を DE を折り目として，頂点 A が辺 BC 上の点 F にくるように折り返したものである。このとき，△DBF∽△FCE であることを証明しなさい。　　(16点)

[証明]

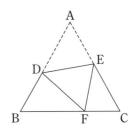

円周角の定理(1)

1 次の図で，∠xの大きさを求めなさい。 (9点×6)

(1)
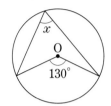

(2)
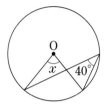

(3)
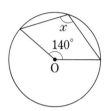

(4)
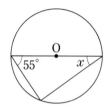

(5)
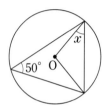

(6)
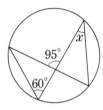

2 次の図で，∠xの大きさを求めなさい。 (10点×3)

(1)
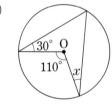

(2)
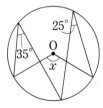

(3)
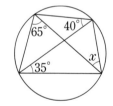

3 右の図のように，弦 AB と弦 CD の交点を P とする。∠APC は，$\overset{\frown}{AC}$ に対する円周角と $\overset{\frown}{BD}$ に対する円周角の和になることを証明しなさい。 (16点)

[証明]

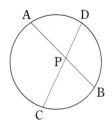

得点UP

1 (4)円周上に3つの頂点がある三角形で，その1辺が直径だから，**半円の弧に対する円周角は直角**である。

3 点 B と C を結び，△PCB で内角と外角の関係を利用する。

6 円

円周角の定理(2)

1 次の図で，$\overset{\frown}{AB}=\overset{\frown}{CD}$ のとき，∠x の大きさを求めなさい。 (16点×3)

(1)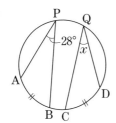

(2)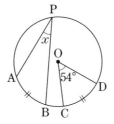

(3)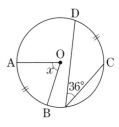

2 次の図で，4点 A，B，C，D が同じ円周上にあるものをすべて選び，記号で答えなさい。 (20点)

ア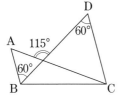

イ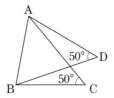

ウ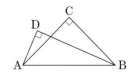

3 右の図の四角形 ABCD は，∠BAC＝60°，∠CAD＝40°，∠CBD＝40°，∠CPD＝75° である。次の問いに答えなさい。 (16点×2)

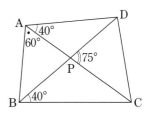

(1)　∠BDC の大きさを求めなさい。

(2)　∠ACD の大きさを求めなさい。

得点UP

① 円周角と弧の定理を使って求める。

② 円周角の定理の逆が成り立つかどうかを考える。

円周角の定理の利用

1 右の図で，点 P を通る円 O の接線
を作図しなさい。　　　　　　(30点)

P•

•O

2 右の図のように，3 つの頂点が円 O の周上にある
△ABC がある。頂点 A から辺 BC にひいた垂線を
AD，円 O の直径を AE とするとき，△ABD∽△AEC
であることを証明しなさい。　　　　　　(35点)

[証明]

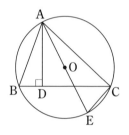

3 右の図のように，円 O の 2 つの弦 AB，CD が，円
の内部の点 P で交わるとき，PA×PB＝PC×PD で
あることを証明しなさい。　　　　　　(35点)

[証明]

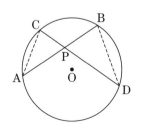

得点UP

❶ 接点を A とすると，PA⊥OA だから，∠PAO＝90°　これより，**線分 PO を直径とする円をかく。**

❷ 円と三角形の証明では，「**円周角の定理**」がよく利用される。△ABD と △AEC で，円周角に着目しよう。

まとめテスト⑥

1 右の図で，AB＝AC，BD は円 O の直径であるとき，次の角の大きさを求めなさい。 （15点×2）

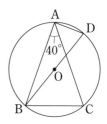

(1)　∠ADB

(2)　∠ABD

2 正三角形 ABC の辺 BC 上に点 D をとり，AD を 1 辺とする正三角形 ADE を右の図のようにつくるとき，4 点 A，D，C，E は同じ円周上にあることを証明しなさい。 （25点）

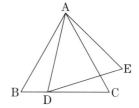

[証明]

3 下の図で，円の弦 AC と BD が，円の内部の点 P で交わっている。このとき，x の値を求めなさい。 （15点×3）

(1)
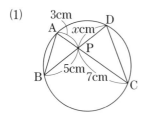

(2)
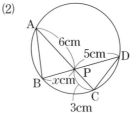

(3)
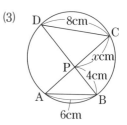

三平方の定理

合格点：**80**点／100点

月　　　日

点

1 次の図の直角三角形で，x の値を求めなさい。 (15点×2)

(1)

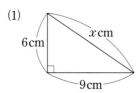

6cm
$x$cm
9cm

(2)

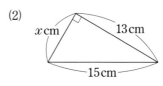

$x$cm
13cm
15cm

2 次の長さを3辺とする三角形のうち，直角三角形であるものをすべて選び，記号で答えなさい。 (20点)

ア. 4cm, 4cm, 6cm

イ. 4cm, 7.5cm, 8.5cm

ウ. 4cm, $2\sqrt{5}$cm, 6cm

エ. $\sqrt{3}$cm, 2cm, $\sqrt{5}$cm

オ. 4.5cm, 6cm, 9cm

3 直角をはさむ辺の1つの長さが12cm で，面積が30cm^2 の直角三角形がある。斜辺の長さを求めなさい。 (25点)

4 高さ9mのポールが地上にまっすぐ立っていたが，図のように途中から折れて，その先端が根もとから3m 離れた地面についた。地上から何mのところで折れたか，求めなさい。 (25点)

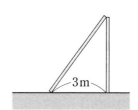

3m

得点UP

2 最長の辺を c，他の2辺を a，b とするとき，$a^2+b^2=c^2$ が成り立てば，c を斜辺とする直角三角形である。

4 地上から xm のところで折れたとすると，ポールの残りの長さは $(9-x)$m になる。

7 三平方の定理

平面図形への利用(1)

1 次の問いに答えなさい。 (10点×2)

(1) 1辺が 8 cm の正方形の対角線の長さを求めなさい。

(2) 縦 4 cm，横 8 cm の長方形の対角線の長さを求めなさい。

2 次の問いに答えなさい。 (12点×2)

(1) 1辺の長さが 6 cm である正三角形の面積を求めなさい。

(2) 2つの対角線の長さが，それぞれ12cm，16cm のひし形の周の長さを求めなさい。

3 右の図で，AD∥BC，∠C＝90°，AD＝11cm，AB＝13cm，BC＝16cm のとき，BD の長さを求めなさい。 (20点)

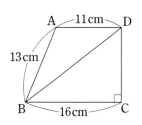

4 右の図は2種類の三角定規を組み合わせたものである。a の長さを 7 cm としたとき，b，c，d の長さを求めなさい。 (12点×3)

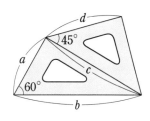

得点UP

❷ (1) 1辺の長さが a の正三角形の高さは $\dfrac{\sqrt{3}}{2}a$，面積は $\dfrac{\sqrt{3}}{4}a^2$

❹ 鋭角が30°，60°の直角三角形の3辺の比は，$1:2:\sqrt{3}$，直角二等辺三角形の3辺の比は，$1:1:\sqrt{2}$

平面図形への利用(2)

1 半径 9 cm の円 O で，中心からの距離が 5 cm の弦 AB がある。この弦の長さを求めなさい。 (15点)

2 右の図のように，半径 8 cm の円 O に，中心から 20cm の距離にある点 P から接線 PA をひく。この線分 PA の長さを求めなさい。 (15点)

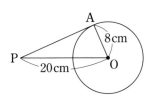

3 次の座標をもつ 2 点 A，B 間の距離を求めなさい。 (20点×2)

(1) A(5, 2)，B(2, 6)

(2) A(−2, 4)，B(3, −1)

4 右の図で，A(−1, 6)，B(−2, −3)，C(3, 1) である。このとき，△ABC はどのような三角形になるか答えなさい。 (30点)

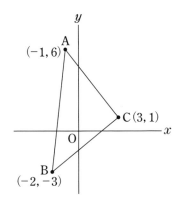

得点UP

1 円の弦は，中心から弦にひいた垂線によって 2 等分される。

3 2 点 A，B を結ぶ線分を斜辺として，座標軸に平行な 2 つの辺をもつ直角三角形をつくり，三平方の定理を利用する。

空間図形への利用(1)

1 右の図のように，縦3cm，横7cm，高さ3cm
の直方体の対角線AGの長さを求めなさい。(20点)

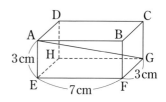

2 右の図は，1辺の長さが2cmの立方体である。
辺BF，DHの中点をそれぞれM，Nとすると
き，次の問いに答えなさい。　　(20点×2)

(1) この立方体の対角線AGの長さを求めなさい。

(2) 四角形AMGNの面積を求めなさい。

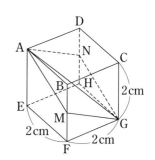

3 右の図は，底面の1辺の長さが4cm，高さが
6cmの正四角錐である。この正四角錐の表面積
を求めなさい。　　　　　(20点)

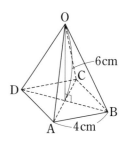

4 右の図は，底面の半径が5cm，高さが12cmの円錐で
ある。この円錐の表面積を求めなさい。ただし，円周
率はπとする。　　　　　(20点)

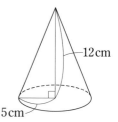

得点UP　**1** △EFGと△AEGで，三平方の定理を利用する。
3 側面は合同な4つの二等辺三角形である。まず，△OABの高さを三平方の定理を利用して求める。

空間図形への利用⑵

※以下の問題では，円周率を π とする。

1 右の図は，底面の半径が 4 cm，母線の長さが 9 cm の円
錐である。次の問いに答えなさい。 (12点×2)

(1) 高さ OH を求めなさい。

(2) この円錐の体積を求めなさい。

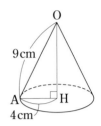

2 右の図は，底面の 1 辺が 12cm で，辺 OA が 14cm の
正四角錐である。次の問いに答えなさい。 (14点×2)

(1) 高さ OH を求めなさい。

(2) この正四角錐の体積を求めなさい。

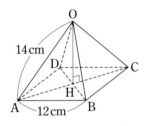

3 右の展開図で表される円錐について，次の問いに答
えなさい。 (16点×3)

(1) 底面の半径を求めなさい。

(2) この円錐の高さを求めなさい。

(3) この円錐の体積を求めなさい。

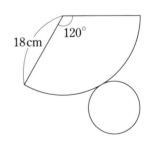

得点UP

2 ⑴点 H は，底面の正方形 ABCD の対角線の交点である。まず，AH の長さを求めてから，高さ OH を求める。

3 ⑴底面の円周の長さと側面のおうぎ形の弧の長さは等しいことから，底面の円の半径を求める。

7 三平方の定理

まとめテスト⑦

1 次の図の直角三角形で，x の値を求めなさい。 (8点×2)

(1)

6cm　$x$cm
6cm

(2)

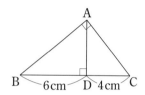

7cm　$x$cm
9cm

2 右の図の直角三角形 ABC で，∠ADB＝90°，BD＝6cm，CD＝4cm のとき，AD と AC の長さを求めなさい。 (12点×2)

A
B　6cm　D　4cm　C

3 次の問いに答えなさい。 (12点×3)

(1) 1辺が9cm の正三角形の高さを求めなさい。

(2) 2点 A(2, 3)，B(−3, 1)間の距離を求めなさい。

(3) 半径10cm の円で，中心からの距離が4cm である弦の長さを求めなさい。

4 右の図は，底面の1辺が8cm で，辺 OC が10cm の正四角錐である。次の問いに答えなさい。 (12点×2)

(1) この正四角錐の高さを求めなさい。

(2) この正四角錐の体積を求めなさい。

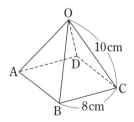

O
10cm
A　D
C
B　8cm

標本調査

1 次の調査について，下の問いに答えなさい。
（16点×2）

ア．紙の強度調査　　　　　　**イ**．生徒の体力測定

ウ．新聞社で行う世論調査　　　**エ**．自動車運転免許証交付のための検査

オ．学校の内科検診　　　　　　**カ**．米の予想収穫高の調査

(1) 全数調査が適切であるものをすべて選び，記号で答えなさい。

(2) 標本調査が適切であるものをすべて選び，記号で答えなさい。

2 ある中学校の生徒全体750人のうちから，60人を選び，生徒会行事についての
アンケートを行った。次の問いに答えなさい。
（16点×3）

(1) 母集団を答えなさい。

(2) 標本を答えなさい。

(3) 標本の大きさを答えなさい。

3 ある工場で製造された製品から500個を無作為に抽出して調べたところ，不良
品が4個あった。この工場で製造された3000個の製品のうち不良品はおよそ
何個ふくまれていると考えられるか。
（20点）

得点UP

❶ 調査の目的や現実的に可能な調査かを考えて，全数調査か標本調査かを決める。

近似値と有効数字

合格点：**80**点／100点

月　　日

点

1 2地点間の距離を測定し，10m未満を四捨五入して測定値2700mを得た。次の問いに答えなさい。 (10点×3)

(1) 有効数字を答えなさい。

(2) 真の値を a m とするとき，a の値の範囲を不等号を使って表しなさい。

(3) 誤差の絶対値は何m以下になるか求めなさい。

2 次のような測定値を得たとき，真の値 a はどんな範囲にあると考えられるか。a の値の範囲を不等号を使って表しなさい。 (10点×2)

(1) 3.6L　　　　　　　　　(2) 1.50kg

3 次の測定値は，それぞれ何の位まで測定したものか答えなさい。 (10点×2)

(1) $8.35×10^3$ m　　　　　(2) $4.90×10^4$ g

4 次の近似値の有効数字が（　）内のけた数であるとき，それぞれの近似値を，(整数部分が1けたの数)×(10の累乗)の形で表しなさい。 (10点×3)

(1) 8640m²(3けた)　　　　(2) 20900g(4けた)

(3) 37450m(3けた)

得点UP

1 (3)誤差＝近似値－真の値
2 ある位までの近似値は，その位の1つ下の位の数字を四捨五入して得られた値である。

まとめテスト⑧

1 次の調査のうち，標本調査が適切であるものをすべて選び，記号で答えなさい。
(20点)

ア．あるお菓子工場の箱づめのチョコレートの品質検査

イ．ある学年の数学のテスト

ウ．テレビのニュース番組に対する視聴者の意見調査

エ．ある高速道路のある地点での，夜間における交通量の調査

2 ある県の銀行が，県内の中学生から1000人をかたよりなく選んで，もらった
お年玉の金額を調査した。次の問いに答えなさい。
(10点×3)

(1) この調査の母集団を答えなさい。

(2) この調査の標本を答えなさい。

(3) 標本の大きさを答えなさい。

3 袋の中に赤球と白球があわせて100個はいっている。これをよくかきまぜてひ
とつかみ取り出すと，赤球が7個，白球が18個であった。この袋の中の赤球の
個数を推定しなさい。
(20点)

4 次の問いに答えなさい。
(10点×3)

(1) ある数 a の小数第2位を四捨五入したら7.0になった。a の値の範囲を不
等号を使って表しなさい。

(2) 次の近似値の有効数字が（　）内のけた数であるとき，それぞれの近似値を，
(整数部分が1けたの数)×(10の累乗)の形で表しなさい。

① 4500g(3けた)　　　　② 27380m(3けた)

総復習テスト①

1 次の計算をしなさい。 (4点×4)

(1) $(8a^2b - 12ab^2) \div (-2ab)$

(2) $(x+1)(x-3)$

(3) $(x-7)(7+x)$

(4) $(x+5)(x-1)-(x-2)^2$

2 次の計算をしなさい。 (4点×4)

(1) $\sqrt{27} + \sqrt{12}$

(2) $\sqrt{18} - 2\sqrt{50} + \dfrac{8}{\sqrt{2}}$

(3) $(\sqrt{2}+4)(\sqrt{2}-3)$

(4) $(3-\sqrt{5})(3+\sqrt{5})$

3 次の問いに答えなさい。 (5点×4)

(1) $7 < \sqrt{n} < 8$ を満たす整数 n の最大のものを求めなさい。

(2) 999^2 をくふうして計算しなさい。

(3) $2mx^2 - 10mx + 12m$ を因数分解しなさい。

(4) 2次方程式 $x^2 + 13x - 48 = 0$ を解きなさい。

裏面へ

4 大小2つの数がある。その差は5で，積は24になるという。この2数をすべて求めなさい。

(9点)

5 次の問いに答えなさい。

(5点×2)

(1) y は x の2乗に比例し，$x=2$ のとき $y=3$ である。$x=10$ のとき，y の値を求めなさい。

(2) 関数 $y=-4x^2$ で，x の値が -3 から -1 まで増加するときの変化の割合を求めなさい。

6 右の図のように，円に2つの弦 AB, CD をひき，2つの弦を延長した交点を P とすると，$\triangle$ADP∽$\triangle$CBP となることを証明しなさい。

[証明]

(9点)

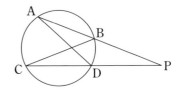

7 右の図の$\triangle$ABC で，$\angle$B$=60°$，$\angle$C$=45°$である。また点 A から辺 BC にひいた垂線 AH の長さが5cm である。次の問いに答えなさい。

(5点×4)

(1) 3辺 AB, BC, CA の長さを求めなさい。

(2) $\triangle$ABC の面積を求めなさい。

総復習テスト②

1 次の式を展開しなさい。 (5点×2)

(1) $(y-8)^2$

(2) $(3x+5y)^2$

2 次の計算をしなさい。 (5点×2)

(1) $\sqrt{75}-\dfrac{6}{\sqrt{3}}+4\sqrt{3}$

(2) $(\sqrt{2}+3\sqrt{5})(\sqrt{2}-3\sqrt{5})$

3 次の問いに答えなさい。 (5点×4)

(1) $\sqrt{465+x}$ が整数となるような，最小の自然数 x を求めなさい。

(2) $9x^2-16y^2$ を因数分解しなさい。

(3) $x=1-\sqrt{3}$ のとき，x^2-3x+1 の値を求めなさい。

(4) 2次方程式 $x^2-5x+3=0$ を解きなさい。

4 2次方程式 $x^2-3ax+4a=0$ の1つの解が4であるとき，次の問いに答えなさい。 (6点×2)

(1) a の値を求めなさい。

(2) 他の解を求めなさい。

5 右の図のように，放物線 $y=x^2$ と直線 ℓ とが，点 A$(-1,\ 1)$，点 B$(2,\ 4)$ で交わっているとき，次の問いに答えなさい。 (6点×4)

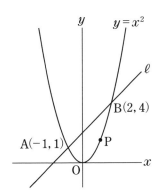

(1) 直線 ℓ の式を求めなさい。

(2) 線分 AB の長さを求めなさい。

(3) △OAB の面積を求めなさい。

(4) 放物線 $y=x^2$ 上に点 P$(m,\ n)(0<m<2)$ をとる。点 P と点 A，B を結んでできる△PAB の面積が△OAB の面積に等しくなるとき，点 P の座標を求めなさい。

6 右の図で，AB∥CD∥EF のとき，x，y の値を求めなさい。 (6点×2)

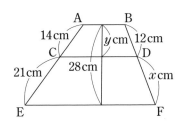

7 右の図のような，AB＝6cm，CD＝12cm，DA＝10cm，∠B＝∠C＝90° の台形 ABCD を，辺 DC を軸として1回転させてできる立体の体積を求めなさい。ただし，円周率は π とする。 (12点)

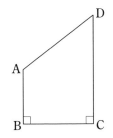

No. 01　多項式と単項式の乗除

❶ (1) $2a^2+6ab$　(2) $3x^2+6xy$

(3) $-5x^2+15xy$　(4) $4x^2-6xy$

(5) $8a^2-4ab+4ac$

(6) $-9a^2+6ab+15ac$

❷ (1) $2a-5$　(2) $-2+3b$

(3) $\dfrac{3}{4}x-4y$　(4) $6-9a$

❸ (1) $3x^2-x$　(2) $2a^2+9ab$

(3) $6x^2+6x$　(4) $-5a^2+4ab$

（解説）

❶(1) $(a+3b)\times 2a=a\times 2a+3b\times 2a$

$=2a^2+6ab$

(3) $-5x(x-3y)=(-5x)\times x-(-5x)\times 3y$

$=-5x^2+15xy$

❷ 除法は，わる式の逆数をかける形に直して計算する。

(1) $(4a^2-10a)\div 2a=(4a^2-10a)\times \dfrac{1}{2a}$

$=4a^2\times \dfrac{1}{2a}-10a\times \dfrac{1}{2a}=2a-5$

（別解）分数の形にして計算してもよい。

$(4a^2-10a)\div 2a=\dfrac{4a^2}{2a}-\dfrac{10a}{2a}=2a-5$

(4) $(2ab-3a^2b)\div \dfrac{1}{3}ab=(2ab-3a^2b)\times \dfrac{3}{ab}$

$=2ab\times \dfrac{3}{ab}-3a^2b\times \dfrac{3}{ab}=6-9a$

No. 02　多項式の乗法

❶ (1) $ab+3a+2b+6$　(2) $ab+6a-5b-30$

(3) $2xy-2x-3y+3$　(4) $12a+3ab-4-b$

❷ (1) $3a^2-11a+10$　(2) $2x^2-5x-12$

(3) $4a^2+7ab-2b^2$　(4) $2x^2-11xy+15y^2$

❸ (1) $2a^2+ab+a+3b-15$

(2) $2x^2-xy-3x-y^2+3y$

(3) $3a^2+4ab+b^2-2a-2b$

(4) $12x^2+5xy-3y^2-3x+y$

（解説）

❶(1) $(a+2)(b+3)=a\times b+a\times 3+2\times b+2\times 3$

$=ab+3a+2b+6$

❸(2) $(x-y)(2x+y-3)$

$=2x^2+xy-3x-2xy-y^2+3y$

$=2x^2-xy-3x-y^2+3y$

No. 03　乗法公式(1)

❶ (1) x^2+6x+5　(2) $a^2-2a-24$

(3) x^2-x-12　(4) $a^2-9a+14$

(5) $y^2-12y+32$　(6) $m^2-4m-60$

(7) $x^2+x+\dfrac{2}{9}$　(8) $y^2+\dfrac{1}{4}y-\dfrac{3}{8}$

❷ (1) $x^2-4x-21$　(2) $a^2+14a+48$

(3) $y^2-7y+12$　(4) $a^2+3a-10$

（解説）

❶ 乗法公式 $(x+a)(x+b)=x^2+(a+b)x+ab$ を使って展開する。

(2) $(a-6)(a+4)$

$=a^2+\{(-6)+4\}a+(-6)\times 4$

$=a^2-2a-24$

(7) $\left(x+\dfrac{1}{3}\right)\left(x+\dfrac{2}{3}\right)=x^2+\left(\dfrac{1}{3}+\dfrac{2}{3}\right)x+\dfrac{1}{3}\times \dfrac{2}{3}$

$=x^2+x+\dfrac{2}{9}$

❷(3) $(y-3)(-4+y)=(y-3)(y-4)$

$=y^2-7y+12$

No. 04　乗法公式(2)

❶ (1) a^2+6a+9　(2) $y^2-12y+36$

(3) $x^2+x+\dfrac{1}{4}$　(4) $x^2-8x+16$

❷ (1) x^2-16　(2) y^2-49　(3) a^2-25

(4) m^2-36　(5) $x^2-\dfrac{1}{9}$　(6) $y^2-\dfrac{4}{25}$

(7) $81-x^2$　(8) $9-a^2$

❶ 和の平方の公式 $(x+a)^2=x^2+2ax+a^2$ と，差の平方の公式 $(x-a)^2=x^2-2ax+a^2$ を使う。

(2) $(y-6)^2=y^2-2\times6\times y+6^2=y^2-12y+36$

(4) $(-4+x)^2=(x-4)^2=x^2-8x+16$

❷ 和と差の積の公式 $(x+a)(x-a)=x^2-a^2$ を使う。

(5) $\left(x+\dfrac{1}{3}\right)\left(x-\dfrac{1}{3}\right)=x^2-\left(\dfrac{1}{3}\right)^2=x^2-\dfrac{1}{9}$

(8) $(-a+3)(a+3)=(3-a)(3+a)$
$=3^2-a^2=9-a^2$

No. 05 いろいろな式の展開

❶ (1) $a^2+5ab+6b^2$ (2) $x^2-xy-2y^2$

(3) $9a^2-18a+8$ (4) $4x^2+12xy+9y^2$

(5) $\dfrac{1}{4}x^2-2x+4$ (6) $16x^2-49y^2$

❷ (1) $-x-11$ (2) $2x^2+13x+15$

(3) $6a^2+3$ (4) $-x-8$

❶ (1) $(a+2b)(a+3b)$
$=a^2+(2b+3b)a+2b\times3b=a^2+5ab+6b^2$

(3) $(3a-2)(3a-4)$
$=(3a)^2+\{(-2)+(-4)\}\times3a+(-2)\times(-4)$
$=9a^2-18a+8$

(5) $\left(\dfrac{1}{2}x-2\right)^2=\left(\dfrac{1}{2}x\right)^2-2\times2\times\dfrac{1}{2}x+2^2$
$=\dfrac{1}{4}x^2-2x+4$

❷ (1) $(x-5)(x+2)-(x-1)^2$
$=x^2-3x-10-(x^2-2x+1)$
$=x^2-3x-10-x^2+2x-1$
$=-x-11$

No. 06 因数分解(1)

❶ (1) $x(a+b)$ (2) $5m(n-1)$

(3) $2x(x+4y)$ (4) $3xy(x-3y+4)$

❷ (1) $(x+2)(x+3)$ (2) $(a-3)(a+7)$

(3) $(x-5)(x-8)$ (4) $(x+3)^2$

(5) $(x-4)^2$ (6) $(y+8)^2$

(7) $(x+3y)(x+4y)$ (8) $(3a-2)^2$

---

❶ (1) $ax+bx=a\times x+b\times x=x(a+b)$

(2) $5mn-5m=5m\times n-5m\times1=5m(n-1)$

(4) $3x^2y-9xy^2+12xy$
$=3xy\times x-3xy\times3y+3xy\times4$
$=3xy(x-3y+4)$

❷ (3) 和が-13，積が40となる2数は-5と-8だから，
$x^2-13x+40$
$=x^2+\{(-5)+(-8)\}\times x+(-5)\times(-8)$
$=(x-5)(x-8)$

(4) x^2+6x+9
$=x^2+2\times3\times x+3^2=(x+3)^2$

(5) $x^2-8x+16$
$=x^2-2\times4\times x+4^2=(x-4)^2$

(8) $9a^2-12a+4$
$=(3a)^2-2\times2\times3a+2^2$
$=(3a-2)^2$

No. 07 因数分解(2)

❶ (1) $(x+2)(x-2)$ (2) $(a+5)(a-5)$

(3) $(x+8)(x-8)$ (4) $(7+x)(7-x)$

(5) $(2x+9)(2x-9)$ (6) $(6x+y)(6x-y)$

(7) $\left(x+\dfrac{1}{3}\right)\left(x-\dfrac{1}{3}\right)$ (8) $\left(a+\dfrac{1}{2}b\right)\left(a-\dfrac{1}{2}b\right)$

❷ (1) $2(x-1)(x+3)$ (2) $4y(x-5)^2$

(3) $3b(2a+3c)(2a-3c)$

(4) $(a-4)(a+6)$

❶ (1) $x^2-4=x^2-2^2=(x+2)(x-2)$

(4) $49-x^2=7^2-x^2=(7+x)(7-x)$

(6) $36x^2-y^2=(6x)^2-y^2=(6x+y)(6x-y)$

❷ (1) $2x^2+4x-6=2(x^2+2x-3)$
$=2(x-1)(x+3)$

(2) $4x^2y-40xy+100y$
$=4y(x^2-10x+25)=4y(x-5)^2$

(3) $12a^2b-27bc^2=3b(4a^2-9c^2)$
$=3b(2a+3c)(2a-3c)$

(4) $a+2=A$ とおくと，
$A^2-2A-24=(A-6)(A+4)$
A を $a+2$ にもどして，
$(a+2-6)(a+2+4)=(a-4)(a+6)$

ANSWERS

08 式の計算の利用

1. (1) 2704　(2) 6391　(3) 6800　(4) 31.4
2. (1) 20　　(2) 10000
3. まん中の数を n とすると，連続する3つの
自然数は，$n-1$, n, $n+1$
まん中の数の2乗から1をひいた数は，
n^2-1 となる。
$n^2-1=n^2-1^2=(n-1)(n+1)$
したがって，連続する3つの自然数のまん
中の数の2乗から1をひいた数は，他の2
数の積になる。

解説
1. (1) $52^2=(50+2)^2=2500+200+4=2704$
   (2) $83\times77=(80+3)(80-3)=6400-9=6391$
   (3) $84^2-16^2=(84+16)(84-16)=100\times68=6800$
   (4) $3.14\times5.5^2-3.14\times4.5^2=3.14(5.5^2-4.5^2)$
   $=3.14(5.5+4.5)(5.5-4.5)$
   $=3.14\times10\times1=31.4$
2. (1) 式を簡単にしてから，数を代入する。
   $(x+7)(x-7)-(x-3)(x+6)$
   $=x^2-49-(x^2+3x-18)$
   $=x^2-49-x^2-3x+18=-3x-31$
   $=-3\times(-17)-31=51-31=20$
   (2) $x^2+8x+16=(x+4)^2=(96+4)^2$
   $=100^2=10000$

09 まとめテスト①

1. (1) $2x^2+7xy-15y^2$　(2) $x^2+2x-48$
   (3) x^2-64　　　　　(4) $9a^2-36ab+36b^2$
2. (1) $x^2-18x-43$　　(2) $-a^2-16a+38$
3. (1) $(x-3)(x+9)$　　(2) $(a-6)^2$
   (3) $(8x+7y)(8x-7y)$ (4) $2(y-5)(y-9)$
4. もとの奇数を $2n+1$（n は整数）とおくと，
   その数の2乗は，
   $(2n+1)^2=4n^2+4n+1$
   $\qquad\qquad=2(2n^2+2n)+1$
   $2(2n^2+2n)$ は偶数だから，
   $2(2n^2+2n)+1$ は奇数である。
   すなわち，奇数の2乗は奇数である。

10 平方根

1. (1) ±4　　(2) $\pm\dfrac{5}{7}$　　(3) ±0.3
2. (1) $\pm\sqrt{13}$　(2) $\pm\sqrt{0.6}$　(3) $\pm\sqrt{\dfrac{5}{7}}$
3. (1) 9　　　(2) -6　　(3) 8
   (4) $\dfrac{3}{5}$　　(5) 7　　　(6) 15
4. (1) $\sqrt{14}<\sqrt{15}$　(2) $7>\sqrt{48}$
   (3) $-\sqrt{18}>-\sqrt{19}$　(4) $0.2<0.3<\sqrt{0.2}$

解説
1. (1) $4^2=16$, $(-4)^2=16$ だから，16の平方根
   は，±4
2. 正の数 a の平方根は，$\sqrt{a}$ と $-\sqrt{a}$ の2つ。
   (1) 13の平方根は，$\pm\sqrt{13}$
   (3) $\dfrac{5}{7}$ の平方根は，$\pm\sqrt{\dfrac{5}{7}}$
3. $a>0$ のとき，$(\sqrt{a})^2=a$, $(-\sqrt{a})^2=a$ となる。
   (1) $\sqrt{81}$ は81の正の平方根だから，$\sqrt{81}=9$
   (3) $\sqrt{(-8)^2}=\sqrt{64}=8$
4. (1) $14<15$ だから，$\sqrt{14}<\sqrt{15}$
   (2) $7^2=49$, $(\sqrt{48})^2=48$ だから，$7>\sqrt{48}$
   (3) 負の数どうしでは，絶対値が大きい数ほ
   ど小さくなる。
   $18<19$ だから，$\sqrt{18}<\sqrt{19}$
   したがって，$-\sqrt{18}>-\sqrt{19}$
   (4) $(\sqrt{0.2})^2=0.2$, $0.2^2=0.04$, $0.3^2=0.09$
   だから，$0.2<0.3<\sqrt{0.2}$

11 根号をふくむ式の乗除(1)

1. (1) $\sqrt{15}$　　(2) $-\sqrt{70}$　　(3) 6
   (4) $\sqrt{5}$　　(5) 2　　　　(6) -3
2. (1) $\sqrt{24}$　　(2) $\sqrt{45}$　　(3) $\sqrt{48}$
3. (1) $3\sqrt{2}$　(2) $6\sqrt{10}$　(3) $\dfrac{\sqrt{3}}{5}$　(4) $\dfrac{\sqrt{6}}{10}$

解説
1. (1) $\sqrt{3}\times\sqrt{5}=\sqrt{3\times5}=\sqrt{15}$
   (3) $\sqrt{3}\times\sqrt{12}=\sqrt{3\times12}=\sqrt{36}=6$
   (4) $\sqrt{30}\div\sqrt{6}=\sqrt{\dfrac{30}{6}}=\sqrt{5}$
2. (1) $2\sqrt{6}=\sqrt{2^2\times6}=\sqrt{24}$
3. (1) $\sqrt{18}=\sqrt{3^2\times2}=\sqrt{3^2}\times\sqrt{2}=3\sqrt{2}$

(4) $\sqrt{0.06}=\sqrt{\dfrac{6}{100}}=\dfrac{\sqrt{6}}{\sqrt{100}}=\dfrac{\sqrt{6}}{10}$

No. 12 根号をふくむ式の乗除(2)

❶ (1) $3\sqrt{35}$　(2) $9\sqrt{15}$　(3) 30　(4) $18\sqrt{2}$

❷ (1) $\dfrac{5\sqrt{3}}{3}$　(2) $2\sqrt{5}$　(3) $\dfrac{2\sqrt{7}}{3}$　(4) $\dfrac{\sqrt{3}}{2}$

❸ (1) $\dfrac{\sqrt{21}}{7}$　(2) $\dfrac{2\sqrt{6}}{3}$　(3) $-\dfrac{2\sqrt{15}}{5}$　(4) $\dfrac{3\sqrt{2}}{2}$

解説

❶ (1) $\sqrt{15}\times\sqrt{21}=\sqrt{3\times5}\times\sqrt{3\times7}$
$=\sqrt{3\times5\times3\times7}=\sqrt{3^2\times5\times7}=3\sqrt{35}$

(2) $\sqrt{27}\times\sqrt{45}=3\sqrt{3}\times3\sqrt{5}$
$=3\times3\times\sqrt{3}\times\sqrt{5}=9\sqrt{15}$

❷ (1) $\dfrac{5}{\sqrt{3}}=\dfrac{5\times\sqrt{3}}{\sqrt{3}\times\sqrt{3}}=\dfrac{5\sqrt{3}}{3}$

(4) $\dfrac{3}{\sqrt{12}}=\dfrac{3}{2\sqrt{3}}=\dfrac{3\times\sqrt{3}}{2\sqrt{3}\times\sqrt{3}}=\dfrac{3\sqrt{3}}{6}=\dfrac{\sqrt{3}}{2}$

❸ (2) $\sqrt{48}\div3\sqrt{2}=4\sqrt{3}\div3\sqrt{2}=\dfrac{4\sqrt{3}}{3\sqrt{2}}$

$=\dfrac{4\sqrt{3}\times\sqrt{2}}{3\sqrt{2}\times\sqrt{2}}=\dfrac{4\sqrt{6}}{6}=\dfrac{2\sqrt{6}}{3}$

No. 13 平方根のおよその値

❶ (1) 208.8　　(2) 0.2088

❷ (1) 22.36　　(2) 70.71　　(3) 223.6
(4) 0.7071　(5) 0.2236　(6) 0.07071

❸ (1) 5.196　　(2) 10.392　　(3) 3.464
(4) 0.866

解説

❶ (1) $\sqrt{43600}=\sqrt{4.36\times10000}=100\sqrt{4.36}$
$=100\times2.088=208.8$

(2) $\sqrt{0.0436}=\sqrt{\dfrac{4.36}{100}}=\dfrac{\sqrt{4.36}}{10}=\dfrac{2.088}{10}$
$=0.2088$

❷ (2) $\sqrt{5000}=\sqrt{50\times100}=10\sqrt{50}$
$=10\times7.071=70.71$

❸ (4) $\dfrac{3}{\sqrt{12}}=\dfrac{3}{2\sqrt{3}}=\dfrac{3\times\sqrt{3}}{2\sqrt{3}\times\sqrt{3}}=\dfrac{3\sqrt{3}}{6}$

$=\dfrac{\sqrt{3}}{2}=\dfrac{1.732}{2}=0.866$

No. 14 根号をふくむ式の加減

❶ (1) $3\sqrt{2}$　　(2) $3\sqrt{3}$　　(3) $2\sqrt{5}$
(4) $-2\sqrt{6}$　(5) $4+3\sqrt{7}$　(6) $\sqrt{5}+2\sqrt{3}$

❷ (1) $6\sqrt{3}$　　(2) 0　　(3) $\sqrt{5}$

(4) $3\sqrt{10}+5\sqrt{7}$　(5) $\dfrac{13\sqrt{3}}{3}$　(6) $\dfrac{3\sqrt{2}}{2}$

(7) $2\sqrt{3}$　　　　(8) $\sqrt{3}$

解説

❶ (1) $2\sqrt{2}+\sqrt{2}=(2+1)\sqrt{2}=3\sqrt{2}$

❷ (1) $\sqrt{12}+\sqrt{48}=2\sqrt{3}+4\sqrt{3}=6\sqrt{3}$

(5) $\sqrt{\dfrac{1}{3}}+4\sqrt{3}=\dfrac{1}{\sqrt{3}}+4\sqrt{3}$

$=\dfrac{1\times\sqrt{3}}{\sqrt{3}\times\sqrt{3}}+4\sqrt{3}$

$=\dfrac{\sqrt{3}}{3}+4\sqrt{3}=\dfrac{13\sqrt{3}}{3}$

No. 15 根号をふくむ式の計算(1)

❶ (1) $\sqrt{6}-3$　　　　(2) $2\sqrt{2}+2\sqrt{3}$
(3) $5\sqrt{2}+3\sqrt{10}$　(4) $2\sqrt{2}-1$
(5) $3\sqrt{2}-4\sqrt{3}$　　(6) $\sqrt{3}+2\sqrt{2}$

❷ (1) $\sqrt{6}+5\sqrt{3}+\sqrt{2}+5$　(2) $7+\sqrt{5}$
(3) $3\sqrt{6}+\sqrt{2}$　　　　　(4) $7-2\sqrt{6}$

解説

❶ (1) $\sqrt{3}(\sqrt{2}-\sqrt{3})=\sqrt{3}\times\sqrt{2}-\sqrt{3}\times\sqrt{3}$
$=\sqrt{6}-3$

(2) $\sqrt{2}(2+\sqrt{6})=\sqrt{2}\times2+\sqrt{2}\times\sqrt{6}$
$=2\sqrt{2}+\sqrt{2}\times(\sqrt{2}\times\sqrt{3})=2\sqrt{2}+2\sqrt{3}$

(6) $(\sqrt{15}+\sqrt{40})\div\sqrt{5}=\sqrt{\dfrac{15}{5}}+\sqrt{\dfrac{40}{5}}$
$=\sqrt{3}+\sqrt{8}=\sqrt{3}+2\sqrt{2}$

❷ (2) $(2\sqrt{5}+3)(\sqrt{5}-1)$
$=10-2\sqrt{5}+3\sqrt{5}-3=7+\sqrt{5}$

No. 16 根号をふくむ式の計算(2)

❶ (1) $11+7\sqrt{5}$　　　(2) $-13-2\sqrt{2}$
(3) $5+2\sqrt{6}$　　　　(4) $28+10\sqrt{3}$
(5) $10-2\sqrt{21}$　　　(6) $59-30\sqrt{2}$
(7) 2　　　　　　　　(8) 59

❷ (1) 28　　　　　　　(2) $4\sqrt{21}$

❶(1) $(\sqrt{5}+1)(\sqrt{5}+6)$
$=(\sqrt{5})^2+(1+6)\sqrt{5}+1\times6$
$=5+7\sqrt{5}+6=11+7\sqrt{5}$

(3) $(\sqrt{3}+\sqrt{2})^2$
$=(\sqrt{3})^2+2\times\sqrt{2}\times\sqrt{3}+(\sqrt{2})^2$
$=3+2\sqrt{6}+2=5+2\sqrt{6}$

(8) $(3\sqrt{7}-2)(2+3\sqrt{7})$
$=(3\sqrt{7}-2)(3\sqrt{7}+2)=(3\sqrt{7})^2-2^2$
$=63-4=59$

❷(1) $(x+y)^2=(\sqrt{7}+\sqrt{3}+\sqrt{7}-\sqrt{3})^2$
$=(2\sqrt{7})^2=28$

(2) $x^2-y^2=(x+y)(x-y)$
$=(\sqrt{7}+\sqrt{3}+\sqrt{7}-\sqrt{3})\{\sqrt{7}+\sqrt{3}-(\sqrt{7}-\sqrt{3})\}$
$=2\sqrt{7}\times2\sqrt{3}=4\sqrt{21}$

No.17 まとめテスト②

❶(1) $3>\sqrt{7}$
(2) $-3\sqrt{2}<-\sqrt{15}<-2\sqrt{3}$

❷(1) $3\sqrt{7}$ (2) $2\sqrt{3}$
(3) $4\sqrt{5}$ (4) $11\sqrt{6}$
(5) $5\sqrt{5}$ (6) $6\sqrt{7}-14$

❸(1) $-4+\sqrt{2}$ (2) $8+2\sqrt{15}$
(3) $8-4\sqrt{3}$ (4) -1

No.18 2次方程式とその解

❶ イ, エ, オ, カ
❷ イ, ウ, カ
❸(1) -1 (2) -2, 1 (3) 2

No.19 平方根の考えを使った解き方(1)

❶(1) $x=\pm7$ (2) $x=\pm4$ (3) $x=\pm\sqrt{10}$
(4) $x=\pm3$ (5) $x=\pm\dfrac{2}{3}$ (6) $x=\pm\dfrac{\sqrt{7}}{2}$

❷(1) $x=3$, $x=-1$ (2) $x=2$, $x=-6$
(3) $x=4\pm\sqrt{5}$ (4) $x=-5\pm3\sqrt{2}$
(5) $x=5$, $x=1$ (6) $x=-1$, $x=-11$
(7) $x=-7\pm2\sqrt{2}$ (8) $x=2\pm2\sqrt{5}$

❶(2) $x^2-16=0$, $x^2=16$, $x=\pm4$
(5) $9x^2-4=0$, $9x^2=4$, $x^2=\dfrac{4}{9}$, $x=\pm\dfrac{2}{3}$

❷(4) $(x+5)^2=18$, $x+5=\pm3\sqrt{2}$,
$x=-5\pm3\sqrt{2}$

No.20 平方根の考えを使った解き方(2)

❶(1) 4, 2 (2) 16, 4
(3) 36, 6 (4) 64, 8
❷(1) $x=-1\pm\sqrt{6}$ (2) $x=2\pm\sqrt{5}$
(3) $x=-3\pm\sqrt{13}$ (4) $x=-5\pm2\sqrt{7}$
(5) $x=6\pm\sqrt{33}$ (6) $x=7\pm\sqrt{14}$

❶(1) $x^2+2ax+a^2=(x+a)^2$ で, $2a=4$ だから,
$a=2$, $a^2=4$
(2) $x^2-2ax+a^2=(x-a)^2$ で, $2a=8$ だから,
$a=4$, $a^2=16$

❷(1) $x^2+2x-5=0$, $x^2+2x=5$,
$x^2+2x+1=5+1$, $(x+1)^2=6$,
$x+1=\pm\sqrt{6}$, $x=-1\pm\sqrt{6}$

No.21 解の公式の利用

❶(1) $x=\dfrac{-1\pm\sqrt{13}}{2}$ (2) $x=\dfrac{-3\pm\sqrt{29}}{2}$
(3) $x=\dfrac{7\pm\sqrt{57}}{2}$ (4) $x=\dfrac{-5\pm\sqrt{17}}{2}$
(5) $x=\dfrac{5\pm\sqrt{17}}{4}$ (6) $x=\dfrac{-7\pm\sqrt{37}}{6}$

❷(1) $x=3$, $x=-\dfrac{1}{2}$ (2) $x=2$, $x=\dfrac{1}{4}$
(3) $x=2\pm\sqrt{7}$ (4) $x=\dfrac{4\pm\sqrt{30}}{7}$

❶ 2次方程式 $ax^2+bx+c=0$ の解の公式
$x=\dfrac{-b\pm\sqrt{b^2-4ac}}{2a}$ を使う。
(1) $x^2+x-3=0$
$x=\dfrac{-1\pm\sqrt{1^2-4\times1\times(-3)}}{2\times1}$
$=\dfrac{-1\pm\sqrt{1+12}}{2}=\dfrac{-1\pm\sqrt{13}}{2}$

ANSWERS

② (1) $2x^2-5x-3=0$

$$x=\frac{-(-5)\pm\sqrt{(-5)^2-4\times2\times(-3)}}{2\times2}$$

$$=\frac{5\pm\sqrt{25+24}}{4}$$

$$=\frac{5\pm\sqrt{49}}{4}=\frac{5\pm7}{4}$$

よって，$x=\dfrac{5+7}{4}=3$，$x=\dfrac{5-7}{4}=-\dfrac{1}{2}$

No. 22 因数分解を利用した解き方

❶ (1) $x=-2$, $x=4$　　(2) $x=-3$, $x=-7$

　　(3) $x=0$, $x=-5$　　(4) $x=8$, $x=-\dfrac{3}{2}$

❷ (1) $x=0$, $x=3$　　(2) $x=-2$, $x=-3$

　　(3) $x=5$　　　　　(4) $x=5$, $x=6$

❸ (1) $x=-3$, $x=6$　　(2) $x=1$, $x=-2$

　　(3) $x=3$, $x=-5$　　(4) $x=-2$, $x=6$

　　(5) $x=0$, $x=-3$　　(6) $x=4$, $x=-7$

（解説）

❷(2)　$x^2+5x+6=0$，$(x+2)(x+3)=0$

　　　$x+2=0$ または，$x+3=0$

　　　よって，$x=-2$，$x=-3$

❸(1)　$x^2=3(x+6)$，$x^2=3x+18$，

　　　$x^2-3x-18=0$，$(x+3)(x-6)=0$

　　　$x+3=0$ または，$x-6=0$

　　　よって，$x=-3$，$x=6$

No. 23 2次方程式の利用(1)

❶ (1) $a=-4$　　　　(2) $x=-1$

❷ 13

❸ 25, 69

❹ 9人

（解説）

❶(1)　$x^2+ax-5=0$ に $x=5$ を代入して，

　　　$5^2+5a-5=0$，$5a=-20$，$a=-4$

　　(2)　$x^2-4x-5=0$ を解くと，

　　　$(x+1)(x-5)=0$　$x=-1$，$x=5$

❷ もとの正の整数を x とすると，

$x(x-4)=117$　これを解くと，

$x=-9$，$x=13$　$x>0$ より，$x=13$

---

❸ 一の位の数を x とすると，

$x(x-3)=10(x-3)+x-15$　これを解くと，

$x=5$，$x=9$

$x=5$ のとき，自然数は25，$x=9$ のとき，自然数は69

❹ 子どもの人数を x 人とすると，

$x(x-2)=63$　これを解くと，

$x=-7$，$x=9$　$x>0$ より，$x=9$(人)

No. 24 2次方程式の利用(2)

❶ 1秒後，3秒後

❷ 49m²

❸ 2 m

❹ 3 cm

（解説）

❶ $20t-5t^2=15$ を解くと，$t=1$，$t=3$

ボールの高さが15mになるのは，上昇のときと下降のときの2回ある。

❷ もとの正方形の1辺を x m とすると，

$(x-2)(x+3)=50$　これを解くと，

$x=-8$，$x=7$　$x>0$ より，$x=7$(m)

だから，正方形の面積は，$7^2=49$(m²)

❸ 道幅を xm とすると，

$(10-x)(18-x)=128$　これを解くと，

$x=2$，$x=26$　$0<x<10$ より，$x=2$

❹ 点 P が A から $x$cm 動いたとき，

$\dfrac{1}{2}(6-x)(9-x)=9$　これを解くと，

$x=3$，$x=12$　$0\leqq x\leqq6$ より，$x=3$(cm)

No. 25 まとめテスト③

❶ (1) $x=\pm8$　　　　(2) $x=-3\pm3\sqrt{2}$

　　(3) $x=\dfrac{-3\pm\sqrt{17}}{4}$　(4) $x=\dfrac{3\pm\sqrt{6}}{3}$

❷ (1) $x=4$, $x=-6$　　(2) $x=-3$, $x=-8$

　　(3) $x=6$, $x=-9$　　(4) $x=7$

❸ (1) $a=4$　　　　　(2) $x=6$

❹ 6, 7

（解説）

❹ 連続する2つの正の整数を x，$x+1$ とすると，

$x^2+(x+1)^2=85$

これを解くと，$x=6$，$x=-7$
$x>0$ より，$x=6$

No.26 関数 $y=ax^2$

① (1) **16倍**   (2) $y=2x^2$ (3) **18**

② **ア，エ**

③ (1) $y=3x^2$ (2) $y=27$ (3) $y=48$

解説

③(1) $y=ax^2$ に $x=2$，$y=12$ を代入して，
$12=a\times2^2$，$a=3$

No.27 関数 $y=ax^2$ のグラフ(1)

① (1) ⑦ **2.25**
     ④ **0.25**
     ⑨ **0.25**
(2) **右の図**
(3) **y 軸について
対称**

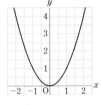

② (1) $y=5x^2$ (2) $y=-\dfrac{2}{3}x^2$

③ (1) **C**   (2) $a=32$

解説

②(1) $y=ax^2$ に $x=-2$，$y=20$ を代入して，
$20=a\times(-2)^2$，$a=5$

No.28 関数 $y=ax^2$ のグラフ(2)

① (1)，(2) **右の図**

② (1) $y=-2x^2$
(2) $y=2x^2$

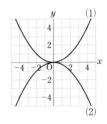

③ (1) **ア，イ，オ，ク**
(2) **ウ，エ，カ，キ**
(3) **イとエ，カとク**
(4) **オ**

解説

②(1) グラフが点 $(1,-2)$ を通るから，
$y=ax^2$ に $x=1$，$y=-2$ を代入して，
$-2=a\times1^2$，$a=-2$

No.29 関数 $y=ax^2$ と変域

① (1) $y=2$ (2) $y=8$ (3) $0\leqq y\leqq8$

② (1) $0\leqq y\leqq18$ (2) $-27\leqq y\leqq-3$
(3) $-3\leqq y\leqq0$

③ $a=4$

解説

②(1) $x=0$ のとき y は最小
値 0，$x=-3$ のとき y
は最大値だから，
$y=2\times(-3)^2=18$

③ y の変域が $0\leqq y\leqq16$ より，
$a>0$
また，$x=2$ のとき $y=16$ だから，
$16=a\times2^2$，$a=4$

No.30 関数 $y=ax^2$ と変化の割合

① (1) **8**   (2) **−12**

② (1) $-\dfrac{4}{3}$ (2) **−27**
(3) $a=-3$

③ (1) **16m**   (2) **秒速24m**

解説

① 変化の割合 $=\dfrac{y \text{ の増加量}}{x \text{ の増加量}}$ である。

(1) x の増加量は，$3-1=2$
y の増加量は，$2\times3^2-2\times1^2=16$
よって，変化の割合は，$\dfrac{16}{2}=8$

③(2) 平均の速さ $=\dfrac{\text{転がる距離}}{\text{転がる時間}}$ である。
転がる時間は，$4-2=2$（秒間）
転がる距離は，$4\times4^2-4\times2^2=48$（m）
よって，平均の速さは，$\dfrac{48}{2}=24$（m/秒）

No.31 放物線と直線

① $A(\sqrt{3},~6)$，$B(-\sqrt{3},~6)$

② $(6,~12)$

③ (1) $P(-2,~2)$，$Q(4,~8)$
(2) $y=x+4$
(3) **12**

❷ 点 B の x 座標を $t(t>0)$ とすると，
$A\left(-t,\ \dfrac{1}{3}t^2\right)$, $B\left(t,\ \dfrac{1}{3}t^2\right)$, $C(-t,\ 0)$,
$D(t,\ 0)$ である。

　また，BD＝CD だから，
$\dfrac{1}{3}t^2＝t-(-t)$, $t^2-6t=0$,
$t(t-6)=0$　$t>0$ より，$t=6$
　よって，点 B の座標は$(6,\ 12)$

❸ (2) $P(-2,\ 2)$, $Q(4,\ 8)$ で，直線 PQ の式を
$y=ax+b$ とおくと，
$\begin{cases} 2=-2a+b \\ 8=4a+b \end{cases}$ これより，$a=1$, $b=4$

(3) 直線 PQ と y 軸の交
点を R とすると，$R(0,\ 4)$
$\triangle$OPQ
$=\triangle$OPR$+\triangle$OQR
$=\dfrac{1}{2}\times4\times2+\dfrac{1}{2}\times4\times4$
$=12$

---

❶ (1) 右の図
(2) いえる
(3) $8<x\leqq9$
❷ (1) 15m
(2) 12秒

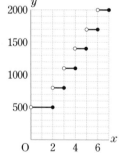

❶ (3) 2 時間を超えてからの料金は，
$2600-500=2100$（円）だから，
$2100\div300=7$（時間）より，$2+7=9$（時間）
までの 1 時間が2600円である。（$x=8$ はふ
くまれないことに注意。）
❷ (1) $5\times2^2-5\times1^2=15$（m）
(2) $720=5x^2$ より，$x^2=144$
　　$x>0$ より，$x=\sqrt{144}=12$（秒）

---

❶ (1) $y=-\dfrac{5}{4}x^2$　(2) $y=-\dfrac{45}{4}$　(3) $\dfrac{5}{2}$

❷ (1) $0\leqq y\leqq12$　(2) $y=\dfrac{1}{3}x^2$

❸ (1) 6　(2) $\left(3,\ \dfrac{9}{4}\right)$, $\left(-3,\ \dfrac{9}{4}\right)$

❸ (1) $A(-2,\ 1)$, $B(4,\ 4)$ で，直線 AB の式を
$y=ax+b$ とおくと，
$\begin{cases} 1=-2a+b \\ 4=4a+b \end{cases}$ これより，$a=\dfrac{1}{2}$, $b=2$
よって，C の座標は$(0,\ 2)$
$\triangle$OAB$=\triangle$OAC$+\triangle$OBC
$=\dfrac{1}{2}\times2\times2+\dfrac{1}{2}\times2\times4=6$

(2) 点 P の x 座標の絶対値を p とすると，
$\dfrac{1}{2}\times2\times p=6\times\dfrac{1}{2}$, $p=3$
よって，P の座標は$\left(3,\ \dfrac{9}{4}\right)$, $\left(-3,\ \dfrac{9}{4}\right)$

---

❶ $\triangle$ABC$\backsim\triangle$KLJ，$\triangle$DEF$\backsim\triangle$HIG
❷ (1) 頂点 F　(2) 辺 HE　(3) $\angle$G
❸ (1) $2:3$
(2) $AB=\dfrac{8}{3}$ cm，$GH=\dfrac{15}{2}$ cm
(3) $\angle B=75°$，$\angle G=80°$

❸ (1) 相似比は，$BC:FG=4:6=2:3$

---

❶ $\triangle$ABC$\backsim\triangle$RSQ…3 組の辺の比がすべて
等しい，$\triangle$GHI$\backsim\triangle$NPM…2 組の角がそ
れぞれ等しい，$\triangle$JKL$\backsim\triangle$UTV…2 組の
辺の比と，その間の角がそれぞれ等しい
❷ $\triangle$PAB と $\triangle$PDC において，
平行線の錯角だから，
$\angle$PAB$=\angle$PDC　　　……①
対頂角だから，
$\angle$APB$=\angle$DPC　　　……②

①, ②より, 2組の角がそれぞれ等しいので, △PAB∽△PDC

❸ △AED と △CDF において,
平行線の錯角だから,
∠ADE=∠CFD ……①
∠AED=∠CDF ……②
①, ②より, 2組の角がそれぞれ等しいので, △AED∽△CDF
したがって, 対応する辺の比が等しいから, AE：CD=AD：CF

No. 36 相似の利用

❶ (1) △ABD と △CAD において,
仮定から,
∠ADB=∠CDA=90° ……①
また,
∠ABD=180°−∠BAD−90°
　　　=90°−∠BAD
　　　=∠CAD ……②
①, ②より, 2組の角がそれぞれ等しいので, △ABD∽△CAD

(2) $\dfrac{16}{3}$ cm

❷ 30m

❸ 約35m

解説

❸ △APB の $\dfrac{1}{1000}$ の縮図をかくと, 右の図のようになる。

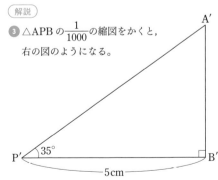

この図で, A′B′ の長さを測ると, 約3.5cmだから, 実際の長さは,
3.5×1000=3500(cm)=35(m)

No. 37 三角形と比

❶ (1) $x=7$, $y=12$ 　　(2) $x=10$, $y=6$

❷ 12cm

❸ △OAB で, AB∥DE だから,
OD：OA=OE：OB ……①
△OAC で, AC∥DF だから,
OD：OA=OF：OC ……②
△OBC で, ①, ②より,
OE：OB=OF：OC
したがって, BC∥EF

解説

❷ △ABC で, EQ∥BCだから,
AE：AB=EQ：BC,
10：(10+5)=EQ：24, 15EQ=240,
EQ=16(cm)
△ABD で, EP∥ADだから,
BE：BA=EP：AD,
5：(5+10)=EP：12, 15EP=60, EP=4(cm)
よって, PQ=EQ−EP=16−4=12(cm)

No. 38 中点連結定理

❶ 29cm

❷ 140°

❸ 12cm

❹ △ABC で, AP=PB, AR=RC だから,
中点連結定理より,
PR∥BC, PR=$\dfrac{1}{2}$BC ……①
△DBC で, DS=SB, DQ=QC だから,
中点連結定理より,
SQ∥BC, SQ=$\dfrac{1}{2}$BC ……②
①, ②より, PR∥SQ, PR=SQ
したがって, 1組の対辺が平行で長さが等しいので, 四角形 PSQR は平行四辺形である。

解説

❸ △BCD で, BE=ED, BF=FC だから, 中点連結定理より, EF∥DC, DC=2EF=16(cm)
また, △AEF で, AD=DE, DG∥EFより,

AG＝GF だから，

中点連結定理より，DG＝$\frac{1}{2}$EF＝4(cm)

よって，CG＝DC－DG＝16－4＝12(cm)

39 平行線と比

① (1) $x=\frac{27}{2}$　　(2) $x=\frac{21}{2}$

(3) $x=\frac{64}{3}$　　(4) $x=9$

② $x=\frac{4}{3}$，$y=\frac{14}{3}$

③ (1) $\frac{14}{3}$cm　　(2) 9.6cm

解説

① (4) 5：10＝6：(3＋x)，5(3＋x)＝60，

15＋5x＝60，5x＝45，x＝9(cm)

② 2：3＝x：2，3x＝4，$x=\frac{4}{3}$

4：3＝($y-2$)：2，3($y-2$)＝8，

3y－6＝8，3y＝14，$y=\frac{14}{3}$

③ (2) DG：DB＝GF：BC

また，DG：DB＝AE：AB

よって，GF：16＝6：(6＋4)，

10GF＝96，GF＝9.6(cm)

40 相似な図形の面積比・体積比

① 54cm²

② (1) 1：2：3　　(2) 1：3：5

③ (1) 320cm²　　(2) 16cm³

④ 8：117

解説

① △AOD と△COB で，∠OAD＝∠OCB，
∠AOD＝∠COB より，2組の角がそれぞれ等し
いので，△AOD∽△COB

相似比が AD：BC＝2：3 だから，
△AOD：△COB＝2²：3²＝4：9
24：△COB＝4：9，△COB＝54(cm²)

④ P の部分と三角錐 O-ABC は相似で，相似比
は 2：(2＋3)＝2：5 だから，体積比は，
2³：5³＝8：125

よって，P と Q の体積比は，
8：(125－8)＝8：117

41 まとめテスト⑤

① (1) △ABC∽△DAC，2組の辺の比とそ
の間の角がそれぞれ等しい

(2) $\frac{16}{3}$cm

② (1) $x=6$，$y=\frac{25}{2}$　　(2) $x=\frac{14}{3}$，$y=10$

③ 25：16

④ △DBF と△FCE において，
正三角形の内角だから，
∠DBF＝∠FCE＝60°　　……①
仮定から，∠DFE＝∠DAE＝60°
∠DFB＝180°－∠DFE－∠EFC
　　＝120°－∠EFC　　……②
また，∠FEC＝180°－60°－∠EFC
　　＝120°－∠EFC　　……③
②，③より，∠DFB＝∠FEC　　……④
①，④より，2組の角がそれぞれ等しいの
で，△DBF∽△FCE

解説

③ △ABC と△DAC で，∠BAC＝∠ADC＝90°，
∠C は共通　2組の角がそれぞれ等しいので，
△ABC∽△DAC

相似比は，BC：AC＝10：8＝5：4
よって，
△ABC：△ACD＝5²：4²＝25：16

42 円周角の定理(1)

① (1) ∠x＝65°　　(2) ∠x＝80°

(3) ∠x＝110°　　(4) ∠x＝35°

(5) ∠x＝40°　　(6) ∠x＝35°

② (1) ∠x＝25°　　(2) ∠x＝120°

(3) ∠x＝40°

③ 点 B と C を結ぶ。
∠ABC は，$\overarc{AC}$ に対する円周角。
∠DCB は，$\overarc{BD}$ に対する円周角。
△PCB で，∠APC＝∠ABC＋∠DCB

したがって，∠APC は，$\overparen{AC}$ に対する円周角と $\overparen{BD}$ に対する円周角の和になる。

❶ 円周角の定理…1つの弧に対する円周角の大きさは一定であり，その弧に対する中心角の半分である。

(3) $\angle x = (360° - 140°) \div 2 = 110°$

(4) 半円の弧に対する円周角は90°
$\angle x = 180° - (55° + 90°) = 35°$

(5) $\angle x = (180° - 50° \times 2) \div 2 = 40°$

(6) $\angle x + 60° = 95°$，$\angle x = 95° - 60° = 35°$

❷ 次の図のように考えて解く。

(1)   (2)

(3)

❶ (1) $\angle x = 28°$ (2) $\angle x = 27°$ (3) $\angle x = 72°$

❷ イ，ウ

❸ (1) 60° (2) 45°

❷ ア．∠BAC $= 115° - 60° = 55°$ より，
∠BAC $\neq$ ∠BDC だから，4点は同じ円周上にない。

イ．∠ADB $=$ ∠ACB $= 50°$ だから，4点は同じ円周上にある。

ウ．∠ADB $=$ ∠ACB $= 90°$ だから，4点は同じ円周上にある。

❸ (1) ∠CAD $=$ ∠CBD $= 40°$ より，4点 A，B，C，D は同じ円周上にある。
よって，∠BDC $=$ ∠BAC $= 60°$

(2) △DPC の内角の和より，

∠ACD $= 180° - (75° + 60°) = 45°$

❶ 右の図の PA と PB が接線

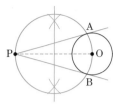

❷ △ABD と△AEC において，
$\overparen{AC}$ に対する円周角だから，
∠ABD $=$ ∠AEC ……①
仮定から，∠ADB $= 90°$ ……②
半円の弧に対する円周角だから，
∠ACE $= 90°$ ……③
②，③より，∠ADB $=$ ∠ACE ……④
①，④より，2組の角がそれぞれ等しいので，△ABD∽△AEC

❸ 点 A と C，点 B と D を結ぶ。
△ACP と△DBP において，
対頂角だから，
∠APC $=$ ∠DPB ……①
$\overparen{AD}$ に対する円周角だから，
∠ACP $=$ ∠DBP ……②
①，②より，2組の角がそれぞれ等しいので，△ACP∽△DBP
よって，PA : PD = PC : PB
これより，PA×PB = PC×PD

❶ (1) 70° (2) 20°

❷ 点 C と点 E は，線分 AD について，同じ側にあり，
∠C $=$ ∠E $= 60°$
だから，4点 A，D，C，E は同じ円周上にある。

❸ (1) $x = \dfrac{21}{5}$ (2) $x = \dfrac{18}{5}$ (3) $x = \dfrac{16}{3}$

ANSWERS

①(2) ∠ABD＝180°−(70°+90°)＝20°

③(1) △APB∽△DPC より，
AP：DP＝PB：PC，
3：x＝5：7， x＝$\dfrac{21}{5}$＝4.2

(2) 6：5＝x：3， x＝$\dfrac{18}{5}$＝3.6

(3) 6：8＝4：x， x＝$\dfrac{32}{6}$＝$\dfrac{16}{3}$

No. 46 三平方の定理

❶(1) x＝$3\sqrt{13}$　　　(2) x＝$2\sqrt{14}$

❷ イ，ウ

❸ 13cm

❹ 4 m

❷ ア． $4^2+4^2=32<6^2$

イ． $4^2+7.5^2=72.25=8.5^2$

ウ． $4^2+(2\sqrt{5})^2=36=6^2$

エ． $(\sqrt{3})^2+2^2=7>(\sqrt{5})^2$

オ． $4.5^2+6^2=56.25<9^2$

よって，直角三角形は**イ**と**ウ**。

❸ 直角をはさむもう1つの辺の長さを$x$cm とすると，$\dfrac{1}{2}\times12\times x=30$， x＝5(cm)

斜辺の長さを$y$cm とすると，
$y^2=12^2+5^2$， $y^2=169$
$y>0$ より， y＝13(cm)

❹ 地上から xm のところで折れたとすると，
$(9-x)^2=x^2+3^2$， $81-18x+x^2=x^2+9$，
$-18x=-72$， x＝4(m)

No. 47 平面図形への利用(1)

❶(1) $8\sqrt{2}$ cm　　　(2) $4\sqrt{5}$ cm

❷(1) $9\sqrt{3}$ cm^2　　　(2) 40cm

❸ 20cm

❹ b＝14cm， c＝$7\sqrt{3}$ cm， d＝$\dfrac{7\sqrt{6}}{2}$ cm

❶(1) 正方形の対角線の長さを$x$cm とすると，
$x^2=8^2+8^2$， $x^2=128$

$x>0$ より， x＝$8\sqrt{2}$ (cm)

❷(1) $\dfrac{\sqrt{3}}{4}\times6^2=9\sqrt{3}$ (cm^2)

(2) ひし形の対角線は，それぞれの中点で垂直に交わることから，ひし形の1辺を$x$cm とすると，
$x^2=6^2+8^2$， $x^2=100$
$x>0$ より， x＝10(cm)
よって，周の長さは， 10×4＝40(cm)

❸ A から BC に垂線 AE をひくと，

BE＝BC−AD
　　＝16−11
　　＝5(cm)
△ABE で，
$AE^2+5^2=13^2$， $AE^2=144$
AE＞0 より， AE＝12(cm)
DC＝AE＝12cm だから，△DBC で，
$BD^2=16^2+12^2$， $BD^2=400$
BD＞0 より， BD＝20(cm)

❹ 特別な直角三角形の3辺の比を利用する。
$b=2a=14$(cm)
$c=\sqrt{3}\,a=7\sqrt{3}$ (cm)
$d=\dfrac{c}{\sqrt{2}}=7\sqrt{3}\times\dfrac{1}{\sqrt{2}}=\dfrac{7\sqrt{6}}{2}$ (cm)

No. 48 平面図形への利用(2)

❶ $4\sqrt{14}$ cm

❷ $4\sqrt{21}$ cm

❸(1) 5　　　(2) $5\sqrt{2}$

❹ ∠C＝90° の直角二等辺三角形

❶ 右の図で，

$AH^2=9^2-5^2$，
$AH^2=56$
AH＞0 より，
AH＝$2\sqrt{14}$(cm)
AH＝HB だから，
AB＝2AH＝$2\times2\sqrt{14}$＝$4\sqrt{14}$(cm)

❷ ∠PAO＝90° だから，
$PA^2=20^2-8^2$， $PA^2=336$
PA＞0 より， PA＝$4\sqrt{21}$(cm)

3 (1) $\sqrt{(2-5)^2+(6-2)^2}=\sqrt{25}=5$

4 $AC=\sqrt{\{3-(-1)\}^2+(1-6)^2}=\sqrt{41}$

$BC=\sqrt{\{3-(-2)\}^2+\{1-(-3)\}^2}=\sqrt{41}$

$AB=\sqrt{\{(-1)-(-2)\}^2+\{6-(-3)\}^2}=\sqrt{82}$

よって，$AC=BC$，$AC^2+BC^2=AB^2$ になるから，$\triangle ABC$ は$\angle C=90°$の直角二等辺三角形である。

No. 49　空間図形への利用(1)

1 $\sqrt{67}$cm

2 (1) $2\sqrt{3}$ cm　　　(2) $2\sqrt{6}$ cm^2

3 $(16+16\sqrt{10})$cm^2

4 90πcm^2

解説

2(2) 四角形 AMGN はひし形で，

$MN=FH=\sqrt{8}=2\sqrt{2}$ (cm)

四角形 AMGN の面積は，

$\frac{1}{2}\times2\sqrt{3}\times2\sqrt{2}=2\sqrt{6}$ (cm^2)

3 右の図で，$\triangle OAB$ の高さ OH は，

$OH^2=6^2+2^2=40$

$OH>0$ より，

$OH=2\sqrt{10}$(cm)

$\triangle OAB=\frac{1}{2}\times4\times2\sqrt{10}=4\sqrt{10}$(cm^2)

よって，正四角錐の表面積は，

$4\times4+4\sqrt{10}\times4=16+16\sqrt{10}$(cm^2)

4 母線の長さは，$\sqrt{5^2+12^2}=13$(cm)

円錐の表面積は，

$\pi\times5^2+\pi\times13^2\times\frac{2\pi\times5}{2\pi\times13}=90\pi$(cm^2)

No. 50　空間図形への利用(2)

1 (1) $\sqrt{65}$cm　　　(2) $\frac{16\sqrt{65}}{3}\pi$cm^3

2 (1) $2\sqrt{31}$ cm　　(2) $96\sqrt{31}$ cm^3

3 (1) 6 cm　　　(2) $12\sqrt{2}$ cm

　　(3) $144\sqrt{2}\,\pi$cm^3

解説

2(1) $AC=12\sqrt{2}$ cm より，$AH=6\sqrt{2}$ cm

$OH^2=14^2-(6\sqrt{2})^2=124$

$OH>0$ より，$OH=2\sqrt{31}$(cm)

3(1) 底面の半径を$x$cmとすると，

$2\pi x=2\pi\times18\times\frac{120}{360}$，$x=6$(cm)

No. 51　まとめテスト⑦

1 (1) $x=6\sqrt{2}$　　(2) $x=4\sqrt{2}$

2 $AD=2\sqrt{6}$ cm，$AC=2\sqrt{10}$cm

3 (1) $\frac{9\sqrt{3}}{2}$cm　(2) $\sqrt{29}$　　(3) $4\sqrt{21}$cm

4 (1) $2\sqrt{17}$cm　(2) $\frac{128\sqrt{17}}{3}$ cm^3

解説

1(1) $6:x=1:\sqrt{2}$ より，$x=6\sqrt{2}$

(2) $x^2=9^2-7^2=32$，$x>0$ より，

$x=4\sqrt{2}$ (cm)

2 $\angle BAC=90°$だから，$\triangle ABD\infty\triangle CAD$ より，

$BD:AD=AD:CD$，

$AD^2=BD\times CD=6\times4=24$

$AD>0$ より，$AD=2\sqrt{6}$ (cm)

$AC^2=AD^2+CD^2=24+4^2=40$

$AC>0$ より，$AC=2\sqrt{10}$(cm)

3(2) $AB=\sqrt{\{2-(-3)\}^2+(3-1)^2}$

$=\sqrt{25+4}=\sqrt{29}$

No. 52　標本調査

1 (1) イ，エ，オ　(2) ア，ウ，カ

2 (1) 生徒全体750人

　　(2) 選ばれた60人の生徒　　　(3) 60

3 およそ24個

解説

3 この工場で製造した製品にふくまれる不良品の割合は$\frac{4}{500}$　よって，$3000\times\frac{4}{500}=24$(個)

No. 53　近似値と有効数字

1 (1) 2, 7, 0　　　(2) $2695\leqq a<2705$

　　(3) 5 m 以下

2 (1) $3.55\leqq a<3.65$　(2) $1.495\leqq a<1.505$

3 (1) 10m の位　　(2) 100g の位

④ (1) $8.64×10^3\text{m}^2$　　(2) $2.090×10^4\text{g}$

　　(3) $3.75×10^4\text{m}$

（解説）

④(3) 有効数字は 3 けただから，上から 4 けた
めを四捨五入すると，37500で，有効数字
は，3，7，5

No.54 まとめテスト⑧

① ア，ウ

② (1) 県内の中学生全員

　　(2) 選ばれた1000人の中学生

　　(3) 1000

③ およそ28個

④ (1) $6.95≦a<7.05$

　　(2) ① $4.50×10^3\text{g}$　　② $2.74×10^4\text{m}$

（解説）

③ 取り出した25個にふくまれる赤球の割合は，$\dfrac{7}{25}$

よって，袋の中の赤球の個数は，

$100×\dfrac{7}{25}=28$ より，およそ28個。

No.55 総復習テスト①

① (1) $-4a+6b$　　(2) x^2-2x-3

　　(3) x^2-49　　(4) $8x-9$

② (1) $5\sqrt{3}$　　(2) $-3\sqrt{2}$

　　(3) $-10+\sqrt{2}$　　(4) 4

③ (1) 63　　(2) 998001

　　(3) $2m(x-2)(x-3)$　　(4) $x=3, \ x=-16$

④ 3と8，-8と-3

⑤ (1) $y=75$　　(2) 16

⑥ △ADP と △CBP において，

共通だから，$∠APD=∠CPB$　　……①

$\overparen{BD}$ の円周角だから，

$∠PAD=∠PCB$　　……②

①，②より，2 組の角がそれぞれ等しいの
で，△ADP∽△CBP

⑦ (1) $AB=\dfrac{10\sqrt{3}}{3}\text{cm}$，$BC=\left(5+\dfrac{5\sqrt{3}}{3}\right)\text{cm}$

$CA=5\sqrt{2}\text{cm}$

　(2) $\dfrac{75+25\sqrt{3}}{6}\text{cm}^2$

（解説）

④ 小さいほうの数を x とすると，大きいほうの
数は $x+5$ と表せるから，

　　$x(x+5)=24$

No.56 総復習テスト②

① (1) $y^2-16y+64$　　(2) $9x^2+30xy+25y^2$

② (1) $7\sqrt{3}$　　(2) -43

③ (1) 19　　(2) $(3x+4y)(3x-4y)$

　　(3) $2+\sqrt{3}$　　(4) $x=\dfrac{5±\sqrt{13}}{2}$

④ (1) $a=2$　　(2) $x=2$

⑤ (1) $y=x+2$　　(2) $3\sqrt{2}$

　　(3) 3　　(4) $P(1, \ 1)$

⑥ $x=18, \ y=\dfrac{56}{5}$

⑦ $512\pi\text{cm}^3$

（解説）

③(1) $\sqrt{\ }$ の中が整数の 2 乗になるようにする。

　　$21^2=441, \ 22^2=484$ だから，

　　$x=484-465=19$

⑤(4) △PAB＝△OAB より，OP∥AB

直線 ℓ の傾きが 1 だから，$\dfrac{n}{m}=1$　　…①

また，点 P は $y=x^2$ 上の点だから，

$n=m^2$ …②

②を①に代入して，

$\dfrac{m^2}{m}=1, \ m=1$

これより，$n=1$

⑦ A から DC に垂線 AH をひくと，

$AH=BC=\sqrt{10^2-6^2}=8(\text{cm})$

立体は円柱と円錐を組み合わせたものだから，

$\pi×8^2×6+\dfrac{1}{3}×\pi×8^2×6$

$=384\pi+128\pi=512\pi(\text{cm}^3)$